U0933771

大家精要

梁启超

齐春风 著

Liang Qichao

陕西师范大学出版总社

图书代号 SK17N0228

图书在版编目（CIP）数据

梁启超 / 齐春风著. —西安：陕西师范大学出版总社有限公司，2017.7（2024.1重印）
（大家精要）
ISBN 978-7-5613-9126-6

Ⅰ.①梁… Ⅱ.①齐… Ⅲ.①梁启超（1873—1929）—传记 Ⅳ.①B259.1

中国版本图书馆CIP数据核字（2017）第128634号

梁启超 LIANG QICHAO

齐春风 著

责任编辑 陈柳冬雪
责任校对 郑若萍
封面设计 张潇伊
出版发行 陕西师范大学出版总社
（西安市长安南路199号 邮编 710062）
网 址 http://www.snupg.com
印 制 永清县晔盛亚胶印有限公司
开 本 650 mm × 930 mm 1/16
印 张 10
字 数 100千
版 次 2017年7月第1版
印 次 2024年1月第2次印刷
书 号 ISBN 978-7-5613-9126-6
定 价 45.00元

目　录

第 1 章

梁启超的生平及其家庭

梁启超的早年

梁启超（1873~1929），字卓如，号任公。清同治十二年正月二十六日（1873 年 2 月 23 日）出生于广东省新会县熊子乡茶坑村的一户小康之家。

广东梁氏始祖为宋代的梁绍。梁绍中进士后，到广东为官，遂在广东定居。梁启超的祖父名叫梁维清。他为了跻身上层社会，努力读书，但只中了一个秀才便止步不前了，官职也是卑微的八品官——教谕。梁启超的父亲梁宝瑛是梁维清的第三子，所取得的成绩还不如他的父亲，虽然皓首穷经，竟然连个秀才也没有考中，最后不得不做了个私塾先生，在家乡教育子弟。梁启超的母亲赵氏，生四子二女，梁启超十五岁时，赵氏因难产而死。

在封建时代，幼小的梁启超也不得不奔走于功名利禄，对于这个长孙，梁维清更抱以很大的期望，希望他金榜高中，光宗耀祖。梁启超从四五岁起，就由祖父等人教读四书五经，背诵一知半解的古人的“嘉言懿行”。

天资聪颖的梁启超的进步是迅速的。刚刚六岁，就读完了四书五经。八岁开始学习作文，九岁时已经能够写出洋洋洒洒长达千字的八股文。梁启超吟诗作对的本领也显现出来。曾有访客出上句“饮茶龙上水”，他听后不假思索，随即对出“写字狗扒田”，上下句都是新会俗语，可谓浑然天成。还有一次，一位先生吟出一句“东篱客赏陶潜菊”，梁以“南国人思召伯棠”相对，引得满座喝彩。1882 年，望子成龙的长辈迫不及待地安排九岁的梁启超到广州去应童子试。船沿西江溯流而上，满船应试的童生有的已四五十岁，年轻的也有十多岁。大家吟诗弄句，卖弄文采，好不热闹。有人提议以正在食用的咸鱼为题作诗，在大家搜肠刮肚地组织词句之际，幼小的梁启超不慌不忙地吟出“太公垂钓后，胶鬲举盐初”的诗句，顿时语惊四座。从此，梁启超“神童”的美誉传遍县境。

初次应试虽然没有考取，但梁启超初入省垣，也算增长了见识。1884 年，十一岁的梁启超再赴广州应试，一举考中秀才，补博士弟子员。对于梁启超所取得的功名，梁家的欣喜是可想而知的。梁启超的祖父努力了一辈子所取得的成绩，梁启超小小年纪轻而易举便取得了。到他父亲中衰的功名在梁启超这里又有了恢复的希望，并大有青出于蓝而胜于蓝的气势。

1889 年，十六岁的梁启超到广州参加乡试，一举得中第八名举人。主持乡试的主、副座分别是贵州的李端棻和福建的王仁堪。两位都已看出年少得志的梁启超前途不可限量，都想和梁启超结下秦晋之好：王想让梁启超做他的乘龙快婿，李则想把妹妹李蕙仙的终身托付给梁启超。结果李先开了口。1891 年秋，梁启超进京与长自己四岁的李蕙仙结婚。李蕙仙对梁启超助益甚大，原来梁讲一口广东话，对外交流多有不便，在李的悉心教导下，梁的北京官话进步很快。对此，梁启超曾感激地说：“我因蕙仙得谙习官话，遂以驰骋于全国。”

幸福美满的家庭生活

1891 年 11 月，十九岁的梁启超和二十三岁的李蕙仙在北京结婚。在北京过了近半年的新婚生活，梁启超于 1892 年夏携新婚妻子返回广东老家。1893 年，女儿思顺出生。戊戌政变后，梁出逃日本，李蕙仙毫无大家闺秀的架子，奉老养小，是十足的贤妻良母，与梁算得上患难夫妻。对李操持家务的辛劳，梁终生感激不尽。后来梁将她接到日本。1900 年她生一子，但不幸于两月后夭折。1901 年，生子思成，1908 年生女儿思庄。

梁启超的夫妻生活是美满的。1924 年 9 月 13 日，李蕙仙因病去世，梁启超写了一篇感人至深的《祭梁夫人文》。在文中，梁启超概括他们的关系是："我德有阙，君实匡之；我生多难，君扶将之；我有疑事，君榷君商；我有赏心，君写君藏；我有幽忧，君噢使康；我劳于外，君煦使忘；我唱君和，我揄君扬。"在这种文体中，虽不免有溢美之词，但他们夫唱妇随的情景也得到了生动的记述。

1900 年，梁启超应康有为之邀前往檀香山，在那里他有了一段刻骨铭心的艳遇。一位年方二十的华侨小姐何蕙珍为他做英文翻译，口齿伶俐，落落大方，对他又心仪已久，愿以终身相许。也有朋友劝梁娶一位通晓英文的太太，这样有了翻译，能助其大展宏图。面对充满青春活力的姑娘的追求，梁启超心神不宁，进退两难。他前前后后写了二十四首情诗，记录了内心的煎熬。他感激何小姐对他的爱恋："颇愧年来负盛名，天涯到处有逢迎。识荆说项寻常事，第一相知总让卿。"梁在心灵深处对何小姐是赞叹的："目如流电口如河，睥睨时流振法螺。不论才华论胆略，须眉队里已无多。"对两人的分别，梁怅然道："匆匆羽檄引归船，临别更悭一握缘。今生知否能重见，一抚遗尘一惘然。"但最终，梁还是没能接受何小姐的爱情。对此，他说明了原因："匈奴未灭敢言家？百里行犹九十赊。怕有旁人说长短，风云气尽爱春华"；"一夫一妻世界会，我与浏阳实创之。尊重公权割私爱，须将身作后人师。"瞻前顾后，梁启超最终还是结束了这段令他心猿意马的异域情恋。

在难舍难分之际，梁启超有一个惊人之举：他于 1900 年 5 月 24 日给李蕙仙写了一封长信，将他与何小姐的这番奇遇和盘托出。李蕙仙也不是等闲之辈，接信后并未暴跳如雷，反而极为宽容。她写信给梁，说她打算禀告公公，让梁纳何小姐为妾，成全他们的炽热感情。梁父教子颇严，梁启超赶紧写信制止，下决心结束了这段恋情。

不过此后，梁启超还是纳了一位小妾，只是未予公开。这名侧室是由李蕙仙亲自选定的。李以自己体弱，不能为梁家多生子嗣为由，于 1903 年为梁启超选定王桂荃为妾。王桂荃原名来喜，生于 1886 年，四川广元人。她出身贫苦，曾四次被人倒卖，饱尝了人世的苦难和辛酸。1894 年，李蕙仙回贵州探亲，将来喜收作贴身丫鬟。进梁府后，梁启超为她取名桂荃。王桂荃生有五男两女：1904 年生思永，1907 年生思忠，1912 年生思达，1924 年生思礼，1926 年生思同（因肺炎早夭），共五男；1914 年生思懿，1916 年生思宁，共两女。

王桂荃对梁家贡献极大。她聪明过人，到日本不久就学会了日语，柴米油盐的采购都离不开她。梁启超出行，常带她照顾饮食起居。到了晚年，梁启超身体状况不佳，更要靠她悉心照料。可惜王到晚年命运多舛，在"文化大革命"中，与孩子们四散分离，1968 年死在一间阴暗的小屋里。

梁启超儿女众多，除幼亡者外，共有五男四女。支持这样一个大家庭，没有相当的经济实力是不行的。1898 年梁启超逃亡日本的一段时间里，他的生活是能应付得过去的，因有日本政府的资助，他所主办的《清议报》《新民丛报》等的销路不错，海外华侨也慷慨解囊。但后来保皇会的投资失败，《新民丛报》也于1907年停刊，梁启超的生活陷入困境，偶尔“吃米饭就咸萝卜，或清水煮白菜蘸酱油”。在这种情况下，不得不仰仗康有为每月给的三百元过活。但不久康的财力也告急，梁只好借贷度日。1912年回国后，生活逐渐走出低谷。他屡屡出任政府高官（1913年任司法总长，1914年任币制局总裁，1915年考察沿江司法教育，任参政院宪法起草员，1917年任财政总长），袁世凯每月还给他三千元的津贴，收入自然大为改观。1918年后虽已不再奔走仕途，但他思如泉涌，笔耕不辍，拿的是千字四元的高稿酬。1920年起任教南开大学，1923年任教清华大学，1925年主持清华国学研究院，出任北京图书馆馆长，1926年任司法储才馆馆长，1927年主持中国图书大辞典的编辑，都有固定的丰厚薪水。各种演讲也有丰厚进账，1922年一年即在南方演讲五十余场。此外，他还买股票和投资，收入都不菲。

1925年，梁启超算了一笔账。当年他有三大收入：一是卖书的红利，商务印书馆两节（春节和端午）合计五千元；二是清华大学月薪四百元，一年近五千元；三是段祺瑞政府每月赠送“夫马费”八百元，一年近万元，合计全年大项收入近两万元。当时一个中等公务员的月薪不过五六十元，下层劳动者每月收入不过十元八元，与梁相比，不啻天壤之别。

梁启超感情丰富，对儿女们爱怜有加。他对大女儿思顺最为疼爱，从1911年开始，经常给她写信，前后写了近二百封之多。在信中梁对女儿几乎无话不谈。

梁启超的多个儿女后来都成为杰出人才。思成，著名建筑学家，1948年当选为中央研究院首届院士（人文组），妻林徽因。思永，著名考古学家，1948 年当选为中央研究院首届院士（人文组）。思庄，著名图书馆学家。思礼，著名火箭控制系统专家，1993 年当选为中国科学院院士。这与梁对孩子们学习的关心是分不开的。思成、思永学古建筑和考古，分明是受了梁启超的影响。对思忠学军事，梁则是不喜欢的，但最后他还是依了儿子。思庄未决定专业之前，梁建议她读生物学，说可以做他的帮手。思庄也想帮父亲，选择了图书馆学。不幸在她学成归国时，父亲已撒手人寰。

梁启超很关心儿女们的婚姻大事，但因寿命的关系，他只为长女和长子选定了婚姻。他为思顺选择了新加坡华侨周国贤为婿。周曾留学美国，是哥伦比亚大学国际法律博士。思成与林徽因联姻，也是梁的意思。梁启超与林徽因的父亲林长民在民国时期同为进步党的首领，结成儿女亲家是顺理成章的事。

像中国大多数父亲一样，梁启超对孩子们的谋职也极为关心，积极安排。思成做东北大学教授就是父亲的决定。当时清华及东北大学都请思成去任教职，父亲经过权衡，替他做主辞了清华，就东北聘约。思永以后入中央研究院，参加安阳考古发掘，是在父亲去世前主持人李济就已应允的。梁启超虽不愿意让思忠学军事，但他还是通过关系，安排思忠入广西或广东的部队。思忠最后选择了蔡廷锴的十九路军，但不幸于 1932 年病逝。

可以想见，梁启超如果能长寿，对孩子们的择业、就职、婚姻会照顾得更好。可惜天不假寿，梁启超只活到五十六岁便故去了。

第 2 章

维新变法的主倡者

初入康门

梁启超在科举的道路上纵情驰奔，如果不是遇上一个人，他走的路途也会像其他士子一样：学而优则仕。如果是这样，恐怕近代中国就会失去一位大思想家。梁启超遇到的这个人即是康有为。康有为（1858~1927），字广厦，号长素，广东南海人。二十二岁以前，康有为阅读了大量的经史子集典籍，也想通过科举考试，博取功名。康有为参加乡试没有考取，但北京、上海之行，开阔了他的眼界，使他下决心抛弃从前所学习的乾嘉之学，改研今文经学，以作为变法维新的理论武器。1884 年开始，康有为撰述《人类公理》（正式出版时改名为《大同书》），1891 年撰写《新学伪经考》，1892 年撰写《孔子改制考》，系统地阐述了他的改良主义思想。康有为还想使他的思想为皇帝所采纳。1888 年 12 月，他去北京参加顺天乡试，又名落孙山，便在京拟就《上清帝第一书》，明确提出了“变成法”“通下情”“慎左右”的主张。但这封上书未能递到光绪帝的手中。从 1881 年开始，康有为还在家乡开馆授徒；第二次乡试未中后，更扩大讲学规模，大力宣传变法维新思想，培养、网罗人才。梁启超恰在此时到了康有为的门下。

1890 年 8 月，梁启超在广州学海堂同学陈千秋的引荐下，初次拜会康有为。梁启超当时年仅十七岁，已具有举人身份；康有为已三十三岁，但还没有考中举人。梁启超正值春风得意之时，又已抛弃帖括学（应付科举考试的一门学问），从事当时人们所推崇的训诂辞章学，很有心得，颇有沾沾自喜之意。不料这种自信在见到康有为后立刻被打碎了。梁启超后来生动地记录了这次会面，说康“先生以大海潮音，做狮子吼”，将几百年来无用的旧学尽情驳斥。两人做了一番长谈，“自辰入见，及戌始退”。这次长谈给梁启超造成的影响是极为巨大的：“冷水浇背，当头一棒，一旦尽失其故垒，惘惘然不知所从事。且惊且喜，且怨且艾，且疑且惧。”归后当夜辗转反侧，竟不能寐。第二天向康有为请教治学的方针，康叫他学习陆王心学，并及史学西学的梗概。从此以后梁启超下决心舍去旧学，退出学海堂，投奔康有为的门下。

1890 年，梁启超、陈千秋等人引亲朋好友二十余人到康有为处学习。后康有为声名日隆，投到他门下学习的学生越来越多，原来授课的地方已不敷使用，于是康有为在广州修建了万木草堂。这里环境幽雅，树木茂盛，是学习的好场所。康有为的教学也令人耳目一新，他不教授四书五经和八股文之类的东西，而是教授孔学、佛学和陆王心学，首先让学生研读《公羊传》《春秋繁露》，授课重心在于今文经学。授课时旁征博引，纵论中外古今，将历代学术渊源讲述得井井有条。除了授课，康有为还要求学生勤记笔记。对此，梁启超曾颇有心得地说：“读书莫要于笔记。朱子谓当如老吏断狱，一字不放过。……无笔记则必不经心，不经心则虽读犹不读而已。”此外，书堂里还有一本《蓄德录》，按房间次第循环传递，每人每天都要在本子上写上几句名言警句，借此陶冶情操；康有为也可以从中窥见学生的思想动态，改进教学方法。康有为还让学生在实际的撰述中锻炼学识。《新学伪经考》著成，康让学生们分任校雠。到撰写《孔子改制考》和《春秋董氏学》，则由康有为发凡举例，让学生们分头撰写。学生们受到启发和激励，有了自己也要从事著述的志向。

1890 年至 1894 年，梁启超在康有为的悉心教导下勤奋地学习着，迎接他的将是时代的搏击！

参与维新宣传

1894 年 6 月，梁启超来到北京，入住广东会馆，与麦孟华、夏曾佑等好友一起学习，砥砺学问。读书的生活很快被飞来的事端打扰了。康有为的著述影响日益扩大，引起了守旧派的嫉视。8 月，余晋珊上书弹劾康有为，指责他“惑世诬民，非圣无法”，要求焚毁《新学伪经考》。清廷准许了余的上奏，诏令两广总督李瀚章予以办理。梁启超闻讯大惊，四处奔走，设法挽回。他找到了同情维新的官员沈曾植等，请他们与广东提学使徐琪联络，让徐到李瀚章处疏通。又找到张謇，请他向光绪帝的师傅翁同龢求情。梁启超的运动收到了成效，但为了安抚余晋珊，李瀚章要康有为自行焚毁著作。

一波未平，一波又起。1894 年 7 月，中日甲午战争爆发，清廷却忙于给慈禧太后做六十大寿，对日本的侵略采取消极避战的措施。人微言轻，无可奈何，梁启超于 10 月离京回乡，在家乡度过了一个沉闷的冬天。

1895 年 3 月，梁启超与康有为进京参加会试。此时正值清军在海陆战场上一败涂地。4 月，丧权辱国的《马关条约》签订。康有为、梁启超等人再也坐不住了，康有为让梁启超鼓动各省举人上书言事。他们先联络广东、湖南两省举人联名上书，要求拒签和约。5 月 1 日，更邀集十八省举人共一千三百余人集会，会上众人慷慨激昂，痛心疾首，推举康有为起草给清廷的上书。康有为不负众望，写出了洋洋万言的上书，提出“拒和”“迁都”“变法”的主张。2 日，上书送抵清廷。这就是历史上著名的“公车上书”。在这场声势浩大的运动中，梁启超奔走呼号，联络众人，显示出杰出的组织才能，成为康有为最坚定的追随者和最得力的助手，康梁渐趋齐名。

会试的结果，康有为考中了进士，梁启超却榜上无名。出现这样的结果既是偶然，又是必然。必然的是，主持会试的总裁是徐桐，副总裁是启秀、李文田和唐景崇，都对变法维新恨之入骨。他们约定，凡是文章中有离经叛道倾向的，都摒弃不录。梁启超文采飞扬的文字自然是在劫难逃了。偶然的是，主考官看走了眼，他们发现梁启超的卷子恣意发挥了今文经学的微言大义，认定是康有为的试卷，于是给刷了下来，而康有为的卷子则顺利过关了。但李文田还是颇为欣赏这张试卷的文采，在文末批上了“还君明珠双泪垂，恨不相逢未嫁时”。其实梁启超已不在乎能不能博得功名，他已将全部身心投入变法维新的运动中了。

公车上书未能奏效，康有为决定另辟蹊径宣传变法维新。1895 年 8 月，创办《万国公报》，随《京报》发行，免费赠给在京的王公大臣阅读。梁启超、麦孟华作为主要的撰稿人，撰写了大量介绍西方国家情况、宣传变法维新的文章，希望从上层入手，使他们理解、支持变法维新事业。又发起“强学会”，陈帜任会长，梁启超任书记，张之洞、刘坤一等封疆大吏曾出资赞助。

康梁的活动为守旧派所不满，为避风声，康有为于 10 月离京赴沪。果然，清廷于 12 月勒令强学会机关报《中外纪闻》

停刊；次年 1 月，又强行解散了强学会。京城已不可为，1896 年 3 月，梁启超应康有为之邀，到上海筹办报纸。8 月，《时务报》创刊，汪康年任总经理，梁启超任总撰述。梁启超声名鹊起即由办此报始。《时务报》共出刊六十九期，梁启超发表文章六十篇，真正成为《时务报》的主笔和灵魂，梁启超和《时务报》已融为一体了。

在梁启超等人的鼓动下，各地变法维新的声势日盛，其中湖南最有声色。湖南巡抚陈宝箴、按察使黄遵宪、前后两任督学江标、徐仁铸都支持变法维新。1897 年 10 月，梁启超应陈宝箴之请出任湖南时务学堂总教习。二十四岁的梁启超以极大的精力和热情投入教学，培育出一批杰出人才，如领导自立军起义的唐才常、参与发起护国之役的蔡锷等。梁启超的活动激起守旧派的反对，于是他于 1898 年初离开长沙。

除此之外，梁启超还与汪康年、麦孟华等人创立“不缠足会”，提倡妇女解放。

梁启超还特意结交权贵，为变法维新援引势力。1897 年初，梁启超去拜会张之洞。当天正值张的侄儿娶妇，宾客盈门。张听说梁启超前来，竟撇下满门宾客，与他交谈至深夜。

昙花一现的维新变法

1897 年 11 月，德国以传教士在山东被杀为借口，派兵强占了胶州湾。以此为开端，帝国主义在中国掀起了划分势力范围的高潮，中国面临着空前的民族危机。康有为认为他挽救国家、大展抱负的时机已来临，赶紧从上海赶往北京。12 月及次年 1 至 2 月间，接连三次向光绪帝上书。在上书中他分析了中国所面临的严重局面，“瓜分豆剖，渐露机牙”，已危险万分。如果不发愤维新，苟且旦夕，清王朝将有覆亡的危险，到时候光绪帝想做个平常老百姓也不可得了。康有为的上书虽受到阻挠，但因言辞恳切，切中时弊，已在私下传抄流传。给事中高燮上奏推荐康有为，并请求光绪帝召见，委以重任。但守旧大臣以非四品以上官员皇帝不得召见为由加以阻拦。不得已，光绪帝命李鸿章、翁同龢、荣禄、廖寿恒、张荫桓等五人在总理衙门向康有为问话。康有为情真意切的变法主张、不卑不亢的反诘答复使翁同龢非常赞赏。在翁的荐举之下，光绪帝谕令，康有为的条陈随到随送，不得阻拦扣押。

对光绪帝的知遇之恩，康有为感激涕零。1898 年 1 月 29 日，康有为第六次上书，即《应诏统筹全局折》，请求光绪帝当机立断，赶紧变法。他提出："变则能全，不变则亡；全变则强，小变仍亡。"当务之急，是做三件事："一曰大誓群臣，以革旧维新，而采天下之舆论，取万国之良法；二曰开制度局于宫中，征天下通才二十人为参与，将一切政事制度，重新商定；三曰设待诏所，许天下之人上书。"

康有为、梁启超等人见得到光绪帝的支持，大为兴奋，决定大展身手，有所作为。4 月，发起组织保国会，以保国、保种、保教为宗旨。这种努力，又受到守旧派的恶毒攻击，光绪帝则予以支持，他说："会为保国，岂有不善？"但在守旧派的攻击之下，保国会日益涣散，仅开了三次会就夭折了。

尽管保国会的活动没有坚持下来，但变法维新已箭在弦上，蓄势待发。不甘心做亡国之君的光绪帝于 6 月 11 日颁布了"明定国是"诏书，到 9 月 21 日慈禧太后发动宫廷政变，维新共坚持了一百零三天，因此被称为"百日维新"。在这一百余天中，光绪帝采纳维新派的建议，颁发了许多有利于资本主义发展的政策。6 月 16 日，光绪帝第一次召见康有为，特许他专折奏事，并授予他总理衙门章京上行走的官职。

梁启超在变法中也发挥了他组织能力出众的专长，成为康有为不可或缺的重要助手。1898 年 3 月，他与麦孟华一起上《拒俄变法书》；6 月，奉命到总理衙门查阅奏书；7 月 3 日，受到光绪帝的接见，授予六品衔。梁启超还以李端棻的名义草拟了一些推行新政的奏章。

康有为的变法措施触动了守旧派的利益，尤其是慈禧太后的专断权力。康有为为了顺利推行变法，一直企图在清朝现存政治体制之外，建立由他控制的议政机构。设立懋勤殿即是控制权力的步骤之一，最初由梁启超代李端棻上奏时提出。具体设想是选集通国英才数十人，并延聘东西各国政治专家共议制度，将一切应兴应革之事全盘筹划，定一详细规则，然后施行。9 月 14 日，光绪帝赴颐和园谒见慈禧，将开懋勤殿一事直接向慈禧提出，嗜权如命的慈禧认为这将动摇她的权力基础，当然不答应。

光绪帝已感觉到威胁迫近，15 日，给杨锐发出密诏，担心慈禧不愿彻底变法，不愿罢黜老谬昏庸的大臣，但他自知权力不足，如慈禧采取断然措施，自己的位置且不能保，因此他想让杨锐等人想个办法，使“旧法可以全变，将老谬昏庸之大臣尽行罢黜，而登进通达英勇之人，令其议政，使中国转危为安，化弱为强，而又不致有拂圣意”。

维新派哪有什么力量来改变光绪帝虚弱无力的状况，在无计可施的情况下，将希望寄托在了袁世凯身上。18 日夜，谭嗣同去见袁，声言：“荣某近日献策，将废立。”要求袁世凯诛荣禄，围颐和园。袁托词说：“九月阅兵时，皇上疾驰到我营，我定能保护皇上。”

尽管还不知道维新派有联袁除己的举动，慈禧已开始行动，导火索是 18 日御史杨崇伊上的密奏。杨在密奏中说：“风闻东洋故相依藤博文即日到京，将专政柄。臣虽得自传闻，然近来传闻之言，其应如响。依藤果用，则祖宗所传天下，不啻拱手让人。”得奏后，慈禧于晚上看戏结束后，改变25日回宫的计划，临时决定第二天即回宫。9月21日慈禧宣布实行训政。

为求自保，20日，袁世凯面见荣禄，将18日夜谭嗣同谈话详细说明，并言：“这是他们的策划，与皇上丝毫无干，母慈子孝，他们胡作非为，万不可牵累皇上。我们应当调和两宫，保全皇上。”23日，袁世凯告密的细节上达慈禧。24日，上谕令抓捕张荫桓、徐致靖、杨深秀、杨锐、林旭、谭嗣同、刘光第等人。戊戌政变虽不是因袁世凯告密而发，但袁的告密却使事态更为严重。

光绪帝和康梁手中都没有一兵一卒，面对慈禧的进攻，毫无还手之力，只好分头向列强求救，希望它们出面阻止慈禧的倒行逆施。李提摩太去见英使，梁启超去见日使，容闳去见美使，但列强都没有出面干预。维新派除了束手待毙外，只剩下走为上策了。本来谭嗣同有足够的时间从容外逃，但他表示，各国变法没有不流血而成功的，中国还没有人因变法而牺牲，他愿意为变法而牺牲。于是，28日，与康广仁、杨深秀、林旭、杨锐、刘光第等人同时遇害。

康有为、梁启超则抱着“留得青山在，不怕没柴烧”的信念匆匆离国。康有为在英国人的帮助下逃出风声鹤唳的北京城，在天津登上英国兵舰，经上海抵达香港，再流亡到日本。梁启超在政变发生后逃到日本使馆，22日，剪去辫子，换上西装，在郑永昌领事的帮助下，逃到日本驻天津领事馆。天津仍是是非之地，日方设法让梁启超脱离险境。25日，梁和郑都化装成打猎的样子，准备离津。但在天津车站月台上行走时，被梁的熟人发现并报告了官府，他们赶紧躲到人多的地方去，捕手也追了上来。二人马上跳进帆船，于夜半时分经白河逃往塘沽。捕手又乘小蒸汽船追来。见事情紧急，帆船开到白河上游，向停泊在那里的日舰大岛丸摇手帕做信号。由于日本公使林权助事先向这艘船打了招呼，军舰上很快放下了小船，把人拉上了军舰。26 日，梁启超终于摆脱了清廷的追捕，乘日舰赴日。

康梁的家也受到清廷的骚扰。康有为的老家和万木草堂都被查封。10 月初，清军到梁启超的老家捉拿亲族。为躲避清军的追捕，梁启超之妻李蕙仙携全家避居澳门。1899 年，李蕙仙也来到日本，与梁启超团聚。

变法失败，流亡日本，梁启超在政治上固然进入了人生的一个低谷，但他善于学习，不甘沉沦，在海外又开辟出一片新天地！

第3章

流亡海外的活动

与孙中山合作的破裂

梁启超抵达日本后，维新派和以孙中山为首的革命派一度尝试合作。双方约在犬养毅家里相见。当时，梁启超到来，他说康先生有事不能来，叫他代表。结果谈了一个通宵，梁启超答应回去同康有为商量，再来答复。然而，康有为对合作的态度并不热情。

本来，康梁与以孙中山为首的兴中会同属被清廷通缉的政治犯，理应有同病相怜之感，但双方要合作并不容易。在以圣人自居的康有为看来，孙中山倡导暴力反清，大逆不道；自己对清廷忠心耿耿，对光绪帝怀有知遇之恩，断断不能反清。如果同孙中山频繁交往，容易给慈禧提供口实。所以他对与孙中山合作缺乏兴趣。对于谋求联孙的梁启超来说，康有为成了最大的障碍。

在商讨合作过程中，梁、孙各自在华侨和青年学生中进行活动，难免发生冲突，这更增加了双方的摩擦和误解。在徐勤任校长的横滨大同学校里曾出现“不得招待孙逸仙”的字条，引起孙中山不快。孙中山等人不但怪罪徐勤，还怀疑梁启超从中插手。

为解决矛盾，梁启超致函犬养毅，请求调停双方关系。犬养毅等人的调解收到成效，梁、孙恢复了往来。孙中山致函梁启超，重提携手合作之事。梁回函表示同意。恰在此时，康有为被日本政府驱逐，离开日本去了新加坡，双方的往来少了一层障碍。1899 年夏，双方往来频繁，气氛日趋热烈。

不久，梁启超以“同门十三人”名义向康有为致长信，宣称：“国事败坏至此，非庶政公开，改造共和政体，不能挽救危局。今上圣明，举国共悉，将来革命成功之日，倘民心爱戴，亦可举为总统。吾师春秋已高，大可息影林泉，自娱晚景。启超等自当继往开来，以报师恩。”

康有为接信后，怒不可遏。徐勤、麦孟华二人又致信康有为，说梁启超落入了孙中山的圈套，康有为见事态严重，立派叶觉迈携款赴日，勒令梁启超即往檀香山办理保皇会事务，不许稽延。此时檀香山华侨对梁启超也热情相邀，据梁启超说：“金山人极仰慕我，过于先生。”此外，为勤王运动回国发动武装的唐才常、林圭等人需要经费接济，梁启超也想去檀香山募款。在慎重考虑之后，梁启超于 1899 年底踏上了赴檀香山的航程。

梁启超此行的主要目的地并非檀香山，而是去北美大陆为勤王运动筹款，檀香山只是顺路经过而已。梁启超在数月之内为勤王运动募得当地华侨十万元左右的捐款。

抵达檀香山之后，梁启超虽忙于募款，但期待与孙中山合作的愿望并未轻易放弃。抵檀不久，梁启超即向孙中山函告行程，并愿意在康孙之间继续调停。梁启超说：“我辈既已订交，他日共天下事，必无分歧之理，弟日夜无时不焦念此事，兄但假以时日，弟必有调停之善法也。”

立志反清的孙中山不愿意听从梁启超的建议，宁愿争取李鸿章或容闳，不愿拥戴光绪帝当总统，对梁启超的来函搁置不复。梁启超对孙中山也有些意见，他认为孙中山常说大话，“徒使人见轻耳”。

由于梁启超在康有为面前不厌其烦地言说与孙中山合作的益处，康有为对他十分反感，梁启超落入了两头不讨好的境地，两派的联合也就无从谈起了。尽管梁启超一再穿针引线，康、孙二人最终还是不曾握手言欢，这实在非梁氏始料所及。

参与谋划自立军起义

戊戌政变后，逃亡在外的康、梁对光绪帝被囚痛心疾首。1899 年 7 月，康有为与李福基等人在加拿大创设了保皇会，一边派人暗杀慈禧、荣禄、李鸿章，一边积极筹备勤王举义。

清廷有所察觉，于 1899 年 12 月和 1900 年 2 月两次发布上谕，明示以十万两白银的赏格缉拿康、梁。

康梁勤王的依靠力量是唐才常领导的武装。唐才常，湖南浏阳人。1898 年，在湖南参加变法运动。8 月，应谭嗣同之邀赴京，准备参与新政。行至汉口得到慈禧发动政变、谭嗣同等被杀的消息，他悲愤至极，决心推翻以慈禧为首的清统治者，拥立光绪帝。为此去日本会晤康有为、梁启超等人。1899 年夏再赴日本，与康有为、孙中山两派同时取得联系。

康有为等人将这次勤王起义视为他们能否重整旗鼓的关键，决定全力支持。康有为坐镇新加坡，负全权责任。前线总指挥部设在澳门，日本、南洋、美洲都有专人负责。在国内，唐才常、狄保贤负责沪汉，梁炳光、张学璟负责两广。

梁启超是勤王举义的活跃分子。他当时在檀香山活动，负责筹款，并联络四方，对起义多有谋划，如提出依靠会党与清军作战难以取胜，因此急需募集外国军人。美国在菲律宾的退役军人最可利用，能得日本兵相助更好。起义必先图粤，得粤之后必作为根据地善为经营。起义得地后即时开府与外人交涉，示以文明之举动，以博同情，不惹其干涉，然后兼注意抚绥内政，请康有为亲临前线指挥，以振士气，以寒贼胆。

唐才常回国后，于 1899 年 12 月在上海创办“正气会”。由于唐才常与保皇派和革命派都保持密切联系，思想上经常呈现自相矛盾的状态。他所领导的正气会既有反满倾向，却又主张保皇。唐才常依靠的武装力量是长江中下游地区的会党组织和新军中下级军官及士兵。次年 5 月，改“正气会”为“自立会”。7 月 26 日，唐才常以“保国保种”为号召，邀集社会名流在上海张园召开会议，成立“中国议会”，容闳被推为议长，严复为副议长，唐才常任总干事。

唐才常的武装力量发展十分迅猛，至 1900 年 7 至 8 月间，已发展到十万多人。起义原定于 8 月 9 日在汉口发动，湘、鄂、皖各地五路兵马同时响应。但因康、梁等人允诺的汇款迟迟未到，自立军粮饷无着，起义日期只得延后。然而安徽大通自立军未得通知，秦力山、吴禄贞等人于 9 日准时起义。唐才常从上海溯江西上，抵汉口指挥起义，但因饷械延误，起义时间一拖再拖。这时大通起义失利的消息传来，唐才常决定破釜沉舟，于 23 日在汉口起义。不料事泄，张之洞于 22 日清晨逮捕了唐才常等三十多人。当夜，唐才常、林圭、傅慈祥等二十余人在武昌遇害。唐才常领导的自立军起义最终失败。

唐才常起义使梁启超认识到“秀才造反，三年不成”，他此后便投入自己擅长的舆论宣传工作中。

成功的报业生涯

1898年12月，康梁在横滨创办了《清议报》，梁启超任该报的主笔。他想让这张报纸“为国民之耳目，作维新之喉舌”，继续坚持改良主义立场。正是从这个时候开始，梁启超用“饮冰室主人”的笔名来发表文章。关于这个笔名的来历，梁启超有过说明：“庄生曰，‘我朝受命而夕饮冰，我其内热欤?’以铭吾室。”1902年元旦，继《清议报》停刊后，梁启超又创办了《新民丛报》。

从1899年至1904年，梁启超以半白半文的新文体发表了一百多篇论著，在海内外知识分子当中产生了深远的影响，成为名副其实的舆论界“骄子”。黄遵宪对梁启超的文章极为推崇，称赞其“惊心动魄，一字千金，人人笔下所无，却为人人意中所有，虽铁石人亦应感动”，真是言尽人所未言。他甚至说，全国那四五十家报纸，都是在助梁启超的舌战，在拾梁氏的牙慧。梁启超新译的名词、杜撰的语言，为大吏的奏折和试官的题目所沿袭，真正做到了“一言兴邦，一言丧邦”。

梁启超何以有如此魅力，使他的文章风行天下呢？梁启超的学生吴其昌曾将梁与同时代的大文学家做过对比，他认为，谭嗣同、夏曾佑、章炳麟、严复、林纾、陈三立、马其昶、章士钊的文风各有千秋，但个人的弱点也都是显而易见的，“至于雷鸣怒吼，恣睢淋漓，叱咤风云，震骇心魄，时或哀感曼鸣，长歌代哭，湘兰汉月，血沸神销，以饱带情感之笔，写流利畅达之文，洋洋万言，雅俗共赏，读时则摄魄忘疲，读竟或怒发冲冠，或热泪湿纸，此非阿谀，唯有梁启超之文如此耳!”吴还指出，自从革命思潮兴起，梁启超的政见受康有为的拖累而落伍，梁启超有魔力感召的文章的影响力，也就急剧地下降了。

吴其昌的这段话是合乎实际的，它点明了梁文洛阳纸贵的原因有二：

一是文体新。到日本后，梁启超抛弃了艰涩难懂的文言文，一变为半文半白的新文体。在这种文体中，既有白话文的流畅清新，又有文言文的简洁庄重，感情饱满，气势磅礴，雅俗共赏，老少皆宜。梁启超以新文体写成的文章脍炙人口，读来令人耳目一新，由是深入人心，传诵一时。

二是思想新。流亡海外固是人生的一个低潮，但善于审时度势的梁启超非但没有气馁，反而别开生面，在学术上摆脱了对康有为亦步亦趋的盲从状态。流亡生涯中，梁启超除了参加政治活动外，还如饥似渴地大量阅读日文书刊，思想活跃的他喜不自禁，“如幽室见日，枯腹得酒”，“若行山阴道上，应接不暇。脑质为之改易，思想言论，与前者若出两人”，思想发生了大转变。通过日文报刊，梁启超接触到了大量从前闻所未闻的西方新思想，如他阅读了吉田松阴、穆勒、孟德斯鸠、卢梭等资产阶级思想家的大量著作。卢梭的《民约论》对他影响尤大，他认为是最适合医治中国之病的良药。他一度抛开了维新变法理论，转而主张“破坏主义”、革命排满等激进思想。他认为清王朝已经没有希望了，在1902年给康有为的信中，明确提出应该搞“民族革命”。梁启超的这些思想变化反映到了他的报刊言论上。国内此时正是人心思变之时，经梁启超的生花妙笔一鼓动，变革思想很快深入人心。如《少年中国说》写得朝气蓬勃，饱含爱国情愫，怎能不使青年们怦然心动？梁启超已不仅仅是一个报人，更成了广大谋求救国道路的青年们的人生导师。时势造英雄，梁启超把握住了这个时势。当然，梁启超后来立场倒退，囿于改良，褪去了新思想，他的文笔便顿涩了。

与革命党人笔战

1899年底，梁启超去了檀香山。本想前去美洲，但国内外风云突变，未能成行。1900年7月返回日本，再秘密赴上海。9月，澳大利亚的保皇会邀他一游，梁启超取道印度，来到澳洲。他在澳洲住了八个多月，于1901年5月回到日本。这期间梁启超的思想日益激进，与康有为多有龃龉。在康有为的严责下，他表面上屈从康有为的压力，声称悔过，但实际上仍坚持自己的主张。在给徐君勉的信中他吐露了自己的心迹："长者(指康有为)前屡责，得书则怦怦自省，过后偶触他事，辄又妄议复起矣。""惟言革事，则至今未改也。……问诸本心，能大改乎?"在与康有为争论不休之际，梁启超于1903年2月开始了他朝思暮想的美洲大陆之行。到美洲后，他游历了许多著名的城市，直到10月底才返回日本。不想这次游历起到了康有为不能起到的作用。从美洲回来后，梁启超的思想言论竟来了个一百八十度的大转弯，悄悄地收起了革命排满的主张，反对原来大力提倡的"破坏主义"，改弦易辙，声称与共和永诀。梁启超的思想变化，体现在他以游美日记为基础撰写的《新大陆游记》一书中。这本书系统地记录了他访问美洲的感想。梁启超对美国的资本主义制度向往已久，对美国的政治制度记述得非常详尽，更是赞不绝口。他还考察了华人社会。在这里，我们可以嗅到梁启超的思想已日趋保守。他在肯定华人的艰苦创业后，指出海外华人有四大缺点：一是有族民资格而无市民资格，二是有村落思想无国家思想，三是只能受专制不能享自由，四是无高尚的目的。应该说，作为一个谋求国家独立富强的爱国志士，梁启超的某些观察是敏锐的，但他得出的结论则是令人不能恭维的。如他说中国人不能享自由，那么，中国就不能搞革命，建立共和政体，只能实行开明专制了。梁启超立场的这一退缩，究其原因，他在本质上仍是一个温和论者，还属于资产阶级改良派，对革命暴力还有一种排斥感。在改良主张走投无路的情势下，他有一些激烈主张。一旦脱离了主战场，头脑冷静下来，他的改良主张便占了上风。另外，他对革命派内部的纷争了解颇多，加之与革命派的不快，与革命派再谈联合在理智上已经不可能了。于是，他从革命主张的门槛又滑回温和改良的阵营了。

对光绪帝的处置也是横亘在梁启超与革命派之间的一道难题。梁启超与孙中山接触后虽一度有倡言革命、“破坏主义”的言论，但对光绪帝，他始终还有崇敬的心情，将光绪帝对康有为和他的任用视为亘古未有的知遇之恩。到日本后，梁启超写了《戊戌政变记》《光绪圣德记》两书，对戊戌变法的成败得失做了一些有益的探索。在书中梁启超对慈禧予以无情的鞭挞，对光绪帝则给予了极度的赞美。他认为光绪帝有着寻常君主所不具备的十四大德：坐一室而知四海，不窥户牖而知天下，豁达大度，日昃勤政，求才若渴，破格用人，明罚敕法，用人不惑，从善如流，俭德谨行，好学强记，养晦潜藏，特善外交，爱民忘位。在梁启超的笔下，光绪帝简直就是一个空前绝后的古今完人。这种过誉言辞，反映了康梁对光绪帝的拔擢和信任念念不忘的心情。

在和孙中山接触联络的时候，梁启超受到孙中山的感染，也提倡起革命来，但他要革的是以慈禧为首的顽固派的命，对光绪帝，他内心中仍旧是爱戴的。因此，梁启超将清王朝和光绪帝区别开来看待，清王朝可推翻，光绪帝的位置则不能动。他在给康有为“摊牌”的那封信中提出，共和政体他梁启超在国事败坏到如此地步的情况下可以接受，对有圣主隆恩的光绪帝，在革命成功之后，可以推举他做共和国的总统。在梁启超看来，无论如何，反清可以，反光绪帝是万万不可的。

慈禧在废尽新法之后，虽将赞同变法维新的光绪帝关入“鸟笼”而使他插翅难飞，但仍不解恨，还酝酿着将光绪帝废掉而后已。1900年正月，慈禧立端王载漪之子溥儁为大阿哥，图谋以溥儁取代光绪帝。康梁听说后又气又急，但身在海外，只能干着急。梁启超情急之下，给清廷两个动见观瞻的重臣李鸿章和张之洞写信，规劝他们不要助纣为虐。对李鸿章，因他对废立之事不置可否，未落井下石，梁启超给他的信就绵里藏针地谈自己坚持光绪帝不可废的立场；对张之洞，由于他赞成废掉光绪帝，梁启超给他的信就不那么客气了，在痛诋废立的不合法度之后，豪迈地表示：“启超万里投荒，一生九死，头颅声价，过于项羽，俯仰千古，亦足自豪。钼麑满地，日日可死。但使一日立于天地之间，则一日不能忘中国忘皇上。”虽然笔不如刀，书生论政也无法阻止慈禧的胡作非为，但梁启超关心光绪帝政治前途的迫切心情已跃然纸上。可以说，善变的梁启超对光绪帝的心情是一以贯之，从未改变的。

梁启超立场的改变，使得他只能与以孙中山为首的革命派渐行渐远、分道扬镳了。

1905年8月，中国同盟会的机关报《民报》创刊，改良派以《新民丛报》为喉舌，与革命派展开了论战。康有为此时已隐身幕后，由梁启超充当主帅，革命派起而应战的是孙中山、章太炎等。梁启超在《新民丛报》上发表了五篇文章，分别是《开明专制论》《驳某报之土地国有论》《答某报第四号对于新民丛报之驳论》《申论种族革命与政治革命之得失》《暴动与外国干涉》。双方的争论是围绕着同盟会的纲领展开的。要不要以暴力推翻清王朝的统治，是论战双方争论最为激烈的一个问题。改良派否认清政府推行了民族歧视和民族压迫政策，力图釜底抽薪，从根本上否认革命派实行民族革命的必要性。梁启超在《申论种族革命与政治革命之得失》中，说满汉两个民族语言文字相同，住所相同，习惯相同，宗教相同，在精神体质方面也没有极其不相似的地方，从而认定在春秋战国，满汉就已发生血统上的关系，满族人事实上已通化于汉族。清朝统治者任用一些汉人做大臣，说明满汉已经平等，满洲王公贵族也已经没有多少特权。他把革命派提出的推翻清王朝统治的革命视为“复仇主义”，“革命排满”的口号是要杀尽满族人。他还以国家主义理论为武器，认定“排满”和“爱国”是不能相容的。他还认为，革命像义和团一样，会引起帝国主义列强的干涉，恫言反清革命不但不能救国，还会使国家陷入亡国的境地。他厉声要求革命派必须马上放弃反清革命的主张，否则将以谋杀祖国的罪名加以处罚。

革命派对梁启超攻击革命的言论给予了驳斥。他们指出，梁启超认“排满”为杀尽满族人的说法是荒谬的，革命并非要杀尽五百万满族民众，而是要颠覆满洲专制政府，革命派的反清革命，实际上是要剥夺极少数反动统治者的地位。将来革命成功了，满族仍为中华民族的一部分。革命派驳斥了梁启超等人对暴力革命的种种可怕描述，指出，因革命而流血是不可避免的现象，革命是救人救世的“圣药”，如果没有革命，这个世界就会变成漫漫长夜了。革命不但不会引起帝国主义的干涉，反而是避免瓜分之祸的必经途径。中国革命是符合世界潮流的举动，不会招致帝国主义的干涉。在革命中，要争取列强的支持和赞助。要避免帝国主义的瓜分，革命要速战速决，还要有秩序地进行。梁启超的国家主义论点也遭到革命派的痛斥。他们认为爱国与革命不可分割，必须把两者结合起来。专讲爱国，不搞革命，宣传的是奴化思想，是为封建专制统治者效劳。这种国家主义实际上是经过改头换面的保皇主义，是地地道道的服从主义和奴隶主义。

双方争论的第二个问题是要不要在中国建立资产阶级共和国。梁启超撰写的《开明专制论》一文，认为共和政体不适合于中国，这是由于，一，中国民众的智力低下，没有实行共和的能力；二，革命后建立起来的军政府必然专权，绝不会将权利出让给议会；三，革命必然引起大乱；四，土地国有无法实现；五，三权分立的议会制度不是造成议会专制，就是造成行政首脑的专制；六，共和立宪，还会引起新的革命，结果革命就永无停息之日。他进而悲观地认为，中国人民既缺乏自治的习惯，又不识团体的公益，甚至在文明开化的程度上还没有及格，与其争取什么民主政体，还不如搞君主立宪；与其搞君主立宪，还不如搞开明专制。在《答某报第四号对于新民丛报之驳论》中，梁启超甚至认为中国连开明专制都不能搞，要搞只能搞“部分开明专制”。既然只能部分地搞开明专制，那就没有必要推翻清政府的统治了，只要劝告清政府来实行开明专制或者君主立宪就行了。

革命派对这种论调根本不能接受。孙中山指出，有人认为世界各国都经历了野蛮、专制、君主立宪、共和的发展阶段，不能逾越进行，这种观点是错误的。实现民主共和是大势所趋，中国人完全能争取共和。其实真正的立宪也是由流血得来的，既然立宪也需要流血，何不直截了当搞共和，何必搞那个不完不备的立宪呢？章太炎对梁启超的说法也不以为然，他说：“公理之未明，即以革命明之；旧俗之俱在，即以革命去之。”

双方争论的最后一个问题是在中国要不要改变封建土地所有制。对孙中山提出的“平均地权”和“土地国有”，梁启超是极力反对的。在《驳某报之土地国有论》中，梁启超认为私有制是现代社会一切文明的源泉，剥夺了个人的这个权利，人勤勉致富的动机就会减去一大半。他尤其反对土地国有，在文中一口气找出了三十多条理由来说明土地国有论是错误的。他认为土地国有制度违背了“自然法则”，会妨害社会生产力的发展，会阻碍社会文明的进步。他将土地私有制看作是神圣不可侵犯的制度，不允许对它进行改革和破坏。在《开明专制论》一文中，梁启超攻击革命派搞土地国有是为了掠夺富人的所有以平均给平民，利用这一点来博得一般下等社会人士的同情，希望赌徒、光棍、大盗、小偷、乞丐、流氓、狱囚之流都为之所用。在这点上，梁启超与革命派更是不共戴天，他义愤填膺地说，谁敢搞这种革命，谁就是黄帝的逆子、中国的罪人，全国人应群起而诛之。

革命派对梁启超的这一论调也进行了驳斥。他们认为，土地私有制度流弊很多，它会使贫民无立锥之地，处于天寒地冻无处栖身的悲惨境地，也会阻碍工商业的发展。只有平均地权和土地国有，人们的生产积极性才能够提高。

梁启超一向以感情饱满、能言善辩著称，但这次与革命派的大辩论却没有占到便宜。不管梁启超如何巧舌如簧地为改良派辩护，他却无可奈何地发现，改良派的营盘越来越小确是不可争辩的事实。1906 年 11 月，梁启超通过一个叫徐佛苏的人向革命派表达了停战求和的意愿。但革命派并未就此罢手，根本不理会梁启超的示弱，而是斗志昂扬地继续辩论下去。在革命派强大的攻势下，1907 年 8 月，改良派的主要阵地《新民丛报》黯然停刊了。这场大辩论以革命派的胜利、改良派的失败而告终，革命派扫除了革命途中的一大障碍。

梁启超败得应该是不那么甘心的，因为有时候真理还真是在他这边的。比如，他指出革命派在大声疾呼“排满”时，往往把满族视为外国人，这是与中国历史不相符的。再比如，革命派在回答革命有引起外国干涉之虞时，往往不是那么理直气壮。还比如，梁启超指出，在当时中国资本主义尚弱小的时候，当务之急不是什么节制资本，而应大力发展民族资本。这些无疑都是清醒和正确的认识。但是，关键的问题是，梁启超还死抱着清王朝的衣钵不放，而清王朝已以腐败透顶、行将就木的形象展现在人们面前，对国家前途忧心如焚的人们已无法忍受这种昏聩的统治。梁启超为它做辩护，已显得很不合时宜。在革命风潮锐不可当的时代到来时，梁启超青年导师的旗帜被卷起就是意料之中的事了。但梁启超是一个不甘寂寞的人，他很快在清末立宪中找到了继续施展拳脚的舞台。

政闻社的成立与解散

1900 年，八国联军入侵北京，由于在战争中一败涂地，清政府早已没有了对八国宣战时孤注一掷的劲，为了博得洋人的欢心，顽固镇压变法维新的慈禧竟摇身一变，于 1901 年发出了变法维新的上谕。1905 年，中国同盟会成立了，革命风潮已蔚为大观，清政府感受到了实实在在的威胁。为了挽救风雨飘摇中的腐朽统治，同年 7 月，直隶总督袁世凯、两江总督周馥、湖广总督张之洞等联名上书清廷，要求十二年后实行立宪政体。在这些封疆大吏的催促之下，清王朝晚年立宪运动的列车终于慢悠悠地启动了。

1905 年 10 月，清廷派端方等五大臣出国考察美国和西方各国宪政，1906 年 8 月，他们回到了北京。这一圈让他们大开眼界，还真体会到宪政的好处，不过他们是以维护清王朝的统治为出发点来看待宪政的。如载泽在给慈禧上密折的时候就说，实行宪政有三个好处：一，立宪国家的君主，神圣不可侵犯。首相可随时变换，而君主的位置则永远不变；二，实行宪政后，原来鄙视我们的国家就会转而尊敬我们，就会放弃侵略政策，实行和平政策；三，实行宪政后，作乱就没有借口了，可达到内乱消弭的效果。慈禧对宪政的这些奇效很感兴趣，对宪政不再深恶痛绝了。于是，1906 年 9 月，清廷发布上谕宣布预备立宪。1907 年 8 月，袁世凯又上了一个请立宪的条陈。9 月，慈禧下令建立资政院。10 月，又命令各省筹设咨议局。

清政府的故作姿态，令流亡海外的梁启超欣喜若狂。他认为时来运转，冥顽不化的清廷终于顽石点头，走上了他所主张的道路。从此以后，政治革命问题已可告一段落了，该做的应该是研究这个过渡时代的条理如何，该轮到他这个长期潜心研究宪政的人大显身手了。

为了抓住这个千载难逢的时机，梁启超开始了组织社团的活动，首先卸下了和清廷对着干的保皇会的牌子。1906 年 12 月，将保皇会更名为“国民宪政会”，后又改名为“帝国宪政会”，自己充当了发起人，康有为暗中主持。为了表示与清政府和解的态度，宪政会明确宣布了“尊重皇室，扩张民权”的宗旨。与此同时，梁启超还想把海内外的立宪派集合起来，成立一个准政党性质的组织。但在筹组当中遇到了麻烦，麻烦主要来自立宪派内部的争权夺利。在不得已的情况下，康梁只好联络一部分志同道合者组织团体。1907 年夏秋之交，梁启超与蒋智由、陈景仁、徐佛苏等人筹组了一个政治组织——政闻社。梁启超给政闻社确定的政纲有四条：一，实行国会制度，建设责任政府；二，厘定法律，巩固司法权的独立；三，确立地方自治，立中央、地方的权限；四，慎重外交，保持对等的权利。

1907 年 10 月，政闻社在日本东京召开成立大会。梁启超的活跃使革命派深为不满，他们有几百人参加了政闻社的成立大会，每人携带一支手杖，准备在这个大会上对立宪派上演一出武剧，搅黄政闻社的成立。主持人请梁启超上台讲话，梁刚讲了几句，张继就用日语大骂：“马鹿。”接着就说：“打！”张一声令下，革命派几百人举起手杖就打。梁慌乱中转身从后台楼梯逃走，其他佩戴红结子的政闻社成员都受了皮肉之苦。政闻社人员寡不敌众，不得不夺路而逃，政闻社的讲台转眼之间变成了革命派的舞台。

尽管政闻社的成立让革命派搅得不成样子，梁启超还是不为所动，决心在立宪运动中积极奔走，以实现平生抱负。梁启超看到，革命派的势力已遍布全国，如果不竭力与争，谋求大举，将来在国内的政治舞台上他们将无立足之地。于是，梁启超将大多数政闻社成员派回国内，广泛联系各地有力士绅，让他们广造舆论，争取立宪早日实现。梁启超则在上海、神户、东京间奔波，对立宪派的活动予以指导。为了活动方便，1908年初，梁启超将政闻社的总部由东京迁到了上海。

以梁启超为首的立宪派的大肆活动，使清廷极为不安。除了康梁与清廷、慈禧间的宿怨外，清廷也将立宪的安排、进度等视为禁脔，不容他人插手。梁启超大声疾呼，大肆活动，呼风唤雨，群起响应，是清廷万万不能容忍和坐视的，它在寻找时机对立宪派下手打压。1908 年 6 月，清廷以法部主事陈景仁弹劾吏部侍郎于式枚为由，将他革职。8 月 13 日，清廷对政闻社动手了，以政闻社"内多悖逆要犯"为由，终于发出了查禁政闻社的上谕。看来尽管梁启超一再向清廷表白衷心也未获得谅解，在国内已无社团参政空间的严酷现实下，他不得不将政闻社解散。

1908 年 11 月，光绪帝和慈禧在两天内先后死去。对慈禧之死，康梁自然是大喜过望；对光绪帝之死，他们的哀痛是可想而知的，他们眼里的"一代圣主"竟这样郁郁而终，怎能不叫他们痛断肝肠！但即使从此以后已无圣主可保，康梁还是与革命派分道扬镳，视革命为洪水猛兽，继续主张立宪改良。

光绪帝死后，他的侄子溥仪即位，溥仪的父亲载沣摄政。

经过丧变之后的清廷继续推行它的缓慢的立宪进程。12 月，宣布预备立宪，预备期定为八年。

清廷还在推行立宪，载沣又是光绪帝的亲弟弟，梁启超不免对他抱有一些幻想，而将矛头对准了死对头袁世凯。袁此时对清廷已渐成尾大不掉之势，又是为戊戌政变推波助澜的人物，因而是清王朝和立宪派共同的敌人，都欲除之而后快。于是，梁启超利用种种方法，掀起了倒袁的浪潮。梁启超对袁世凯此时境遇和清廷心态的把握是准确的，果不其然，1909 年 1 月，袁就被载沣明升暗降，打发回老家了。梁启超心情愉悦，给肃亲王耆善和载沣分别写信上书，力图与清廷再续像与光绪帝一样的知遇关系。可惜弟弟与哥哥迥然不同，载沣没有一点要重用他的意思。除了耆善对梁启超还敷衍几句外，载沣竟对他不理不睬，梁启超又一次热脸贴到了冷屁股，使他空有一番抱负而无处施展。

尽管遭到了这样的冷遇，梁启超对清廷和立宪还是不离不弃。清政府临近寿终正寝的那两年，也正是吆喝立宪最为起劲的两年。梁启超又一次天真地认为清廷这回对立宪可能动真格了，于是将他研究立宪的心得也和盘托出。1910 年，梁启超才思汹涌，发表了六十六篇文章，几乎每五六天就有一篇问世。其中二十二篇是谈论宪政的，二十六篇是谈论他关心的财政问题，这也与宪政休戚相关。1911 年，梁启超发表了二十一篇文章，其中有七篇谈论宪政，可见这两年他对宪政着力之深。

在这些文章中，梁启超反复比较各国政体的优劣，最后得出结论，英国和日本的君主立宪政体最好，中国最应该向它们学习。应该说，梁启超在探求国家前途道路时，是充分兼顾了清王朝的利益的。但嗜权如命的封建统治者哪肯将权力轻易放弃，即使是让出一部分也那么不心甘情愿。1911 年 5 月，千呼万唤的内阁终于出笼了。人们惊讶地发现，十三名阁员中，满族占了九个，其中六人还是皇族，这个内阁被人们称作“皇族内阁”。终于图穷匕见，清政府搞的立宪是什么货色这回可是一目了然了。面对这个恨铁不成钢的政权，梁启超也无能为力了，只能看着它走向深渊，而梁启超的多年心血也付诸东流，此后只能等待另开新局。

辛亥革命后的谋划

由于清王朝冥顽不化，梁启超的和平立宪之路走进了死胡同。既然和平的方式不能达到立宪的目的，康梁便转而运用军队，企图采用暴力手段夺取政权。康梁经过谋划，制订出了“联北军倒政府，立开国会，挟以抚革党”的计划，其内容是联合载涛的禁卫军和吴禄贞的新军第六镇，推倒奕劻、载泽，召开国会，通过在国会里的活动掌握政权。但这个计划迟迟不能付诸行动。

就在康梁的计划没有进展之际，1911 年 10 月 10 日，武昌起义的枪声传来，全国各地纷纷响应，清王朝的统治顿呈土崩瓦解之势。革命形势发展得很快，10 月 29 日，驻扎在滦州的张绍曾、蓝天蔚等人发动了兵谏，要求清廷改弦易辙，统统去除不得人心的各项政策。内外交困的清政府惊惶失措，不得不于次日下“罪己诏”，允组责任内阁，开放党禁，取消对政治犯的通缉令，大赦党人，如影随形十三年之久对梁启超的通缉令当然也拜革命之赐而被取消了。10 月 31 日，清廷将被其打发回老家的袁世凯请了回来，授命他全权组织责任内阁，袁世凯又咸鱼翻身了。

梁启超听到武昌起义的消息，忧心如焚。他认为当时是危急存亡的千钧一发之际，必须当机立断，抓紧行动，紧紧把握住对形势的主导权。10 月底，康梁对原来“联北军倒政府”的计划根据形势作了调整，加上了“和袁、慰革、逼满、服汉”这八字方针。调整后的计划仍以利用北军，召开国会为主要内容。康梁打算通过国会掌握政权，然后废八旗，皇帝改姓，满人赐姓。再派人往南方抚慰，告以“国会既揽实权，则满洲不革而自革之义，当能折服；若其不从，则举国人心暂归于平和党，彼无能为力矣”。这里的“和袁”虽表明康梁不再坚持除去袁世凯的方针，但并不意味着他们要投靠到袁的门下。他们当时把召开国会放在前所未有的重要位置上，在达到开国会掌权后，“若冢骨（指袁世凯）尚有人心，当与共戡大难，否则取而代之，取否惟我所欲耳”。康梁并没有把袁世凯放在眼里，以为只要召开国会，由投票多寡来说话就能解决问题，他们此时还未领略到中国实际政治的凶险。

在这风云变幻的时刻，梁启超怀着“当今之世，舍我其谁”的雄伟抱负，收拾行囊，准备返回睽违已久的祖国，大干一场。11 月 6 日，他乘“天草丸”号轮船由日本起程，9 日抵达大连，准备实施既定的宏伟计划。袁世凯显然比纸上谈兵的梁启超要老辣得多，就在梁起程回国的那一天，他派人刺杀了吴禄贞，消除了北方革命党人对他的威胁。接着，他又迅速掌握了禁卫军，巩固了自己的势力。梁利用北军以倒政府的计划已无着力点。11 日，梁到了奉天（今沈阳），正准备乘车入京时，汤觉顿等从北京匆忙赶来，告诉他不宜进京，革命党人蓝天蔚将对他不客气。梁启超这才清醒过来，打消了进京的念头，匆匆忙忙地返回日本。

返回日本前后，梁启超撰写了《新中国建设问题》一文，就国体与政体问题详细地阐发了他的意见。该文分上下两篇，上篇为“单一国体与联邦国体之问题”，下篇为“虚君共和政体与民主共和政体之问题”，论述的重点在下篇。在该文中，梁启超明确地指出他反对联邦制，主张在中国搞单一国体。在下篇中，梁启超列举了世界上存在的六种共和政体的形式，指出，美国、法国的民主共和制，绝不适于中国。要使中国长治久安，应该效仿英国的存虚君制度。而事势最为顺畅的办法，是就现在的皇统而虚存之。这样，梁启超就抛出了他的“虚君共和”论。

“虚君共和”论不是梁启超的发明，而是由康有为首创。辛亥革命胜利后，康有为惊惶失措，唯恐列强对中国政局加以干涉，先后写了《救亡论》十篇，还在主张“不废旧朝”。但由于革命风潮一日千里，恢复旧朝不啻白日梦呓，他的文章寄到上海，竟无一家报刊敢发表。不久，康有为感觉清王朝已无可救药，于是又撰写了《共和政体论》，哀叹清王朝气数已尽。即使在这共和成为人心所向的时候，康有为也很难对共和制倾心，他又相当得意地抛出了“虚君共和”说，主张树立一个傀儡，并像发现新大陆似地拣出了孔子后裔，说素王就是素帝，是最好的虚君，新共和制国家应把衍圣公捧上台当木偶。

对康梁的这项主张，革命派当然是极力反对。袁世凯心里也不满意，但他另有所图，与康梁虚与委蛇，表面上表示赞同这个主张。其实，袁世凯知道在这混乱的时局中，他的身价已倍增，已具备问鼎国权的实力。他早已不愿再做清朝的忠臣，想的是逼清帝退位，然后要南京临时议会选举他做中华民国临时大总统，由他取清朝末代皇帝而代之，当然不愿保留清帝做什么“虚君”。但他认为把康梁拉过来不是什么坏事，他的如意算盘是既可以利用与革命派一贯不和的康梁来加大自己在南北对峙中与南方讨价还价的筹码，又可将康梁倡导的“虚君共和”加以曲解以为己所用，因而与梁启超保持着密切的接触。

重新上台的袁世凯虽野心勃勃，但表面上装得很谦恭，对康梁表示了十足的礼贤下士的态度。康有为不愿意直接为袁所用，他以不忍“睹民生多艰，哀国土沦丧，痛人心堕落，嗟纪纲亡绝，视政治窳败，伤教化陵夷，见法律蹂躏，睹政党争乱，慨国粹丧失，惧国命分立”为由回绝了袁世凯的拉拢。但是，在改良派中，康有为早已失去了昔日一言九鼎的地位。改良派中许多人对康有为的保皇说教早已不耐烦。在政局变动的形势下，他们认为这是回国参政的大好时机，力劝梁启超摆脱康有为的束缚。在同党的劝说下，梁启超不愿意再与康有为一起拯救垂死的清王朝。梁启超致函康有为劝其改变态度，拥护共和，“幸藉连鸡之势，或享失马之福”，如果不这样的话，恐怕师生要“趋舍异路，怆恨何言？”态度决绝，有最后通牒的意味。康有为不为所动的态度，决定了师生分立门户的形势，表面一致的改良阵营瓦解了。

梁启超对袁世凯的示好则半推半就。作为海外改良派的实际领袖，梁启超在新旧交替之际要倾听来自内部的各种意见。清帝退位后，改良派纷纷投书梁启超，有的赞成共和，有的主张联袁，有的主张联黎（元洪），有的主张梁氏从速出山，以谋发展，有的规劝他不要再言存清，也有人劝他“养晦待时，徐观后变”。但是，多数改良派反对梁启超静观待变，消极等待，劝他要积极行动，勿失良机。梁启超是深谙政治上没有永远的敌人这一真谛的，联袁已在梁启超的考虑之中，原来不共戴天的政敌现在已有可能一变而成为携手合作的伙伴。

梁启超的态度变化哪能逃脱老奸巨猾的袁世凯的眼睛，袁变得一点也不比梁启超慢。1911 年 11 月 16 日，袁世凯内阁组成，重要的职位当然都由袁的心腹所囊括，但他为了表示“不遗贤才，共济时艰”的姿态，也将几个立宪派的头面人物拉进来做做点缀，梁启超、杨度、张謇分别被任命为法部次官、学部次官和农商部大臣。

然而，出人意料的是，梁启超不愿贸然回国在袁内阁任职，当即回电坚辞，并提出召集国民会议决定国体和政体。11

月 21 日，袁世凯又致电梁启超促其回国。23 日，清廷发布明谕，由驻日使馆转梁启超“敦促就道”。梁则通过使臣汪大燮以病急为由恳请开缺。梁启超为什么要推辞呢？他在致友人的信中谈了个中因由：“急激派之所最忌者，惟吾二人，骤然相合，则是并为一的，以待万矢之集，是所谓以名妨实也……然为今日计，则拨乱实为第一义，而图治不过第二义。以拨乱论，项城坐镇于上，理财治兵，此其所长也。鄙人则以言论转移国民心理，使多数人由急激而趋于中立，由中立而趋于温和，此其所长也。分途赴功，交相为用。而鄙人既以此自任，则必与政府断绝关系。”基于这种认识，他要与袁各用所长，“分途赴功，交相为用”。

11 月 30 日，梁启超致电袁内阁，建议“奏仿北魏孝文改拓跋为元氏例，皇室定姓，改名中国。清字只对前朝，不以对外。用孔子或黄帝纪年，立集国会，以顺舆情，定国体”。袁世凯由此清楚梁启超的政见仍为“虚君共和”，但他还需暂时打着君主立宪的旗号与南方虚虚实实地交涉，梁仍有利用的价值。

袁决定继续向梁启超招手。12 月 3 日，袁又以清廷名义电请梁启超归国任职。与此同时，袁世凯也早将对康梁的咒骂扔进了爪哇国，转而把他们当成了匡扶社稷的栋梁来称颂。他三番五次地给梁启超写信，称赞他十余年来“含忠吐谟，奔走海外，抱爱国之伟想，具觉世之苦心”，每读梁启超所著的文字，“未尝不拊掌神往也”。在这国事羹沸之际，民生涂炭之秋，希望梁启超迅速回国，“诣车北上，商定大计，同扶宗邦宦海”。

袁世凯虽屡次表示附和“虚君共和”的理念，但当南方革命党人答应他做国家的最高统治者后，便毫不犹豫地将清王朝的小皇帝赶下了台。1912 年 2 月 12 日，清帝宣布退位，康梁的“虚君共和”计划落空了，但袁世凯对清室的处置也曲折地说明袁受了康梁“虚君共和”主张的启发。

第 4 章

归国后的活动

联袁的实践与失望

清帝退位后，袁世凯于 1912 年 2 月 14 日取代孙中山，当选为临时大总统，康梁“虚君共和”的主张便无疾而终了。梁启超对瞬息万变的国内局势作了冷静的分析，认为“今大事既定，人心厌乱”，国民寄希望于今后的建设，因此须下决心与袁世凯携手合作。他认为袁虽是一介武夫，但控制着北洋军队，只有他才能维持住局面，改良派只有依附于袁才能找到发展的机会，因而他随机应变，将联袁作为今后行动的指针。梁启超还与国内业经改头换面的立宪派联络，希望组织一个改良主义的政党，以便在国会中与同盟会（后改国民党）分庭抗礼，甚至希望在适当时机由改良派出面组织内阁。

下定决心后，梁启超于 2 月 23 日给袁世凯写了一封长信，对袁世凯大加奉承：“欧阳公有言，‘不动声色，而厝天下于泰山之安’，公之谓矣。……自公之出，指挥若定，起其死而肉骨之。功在社稷，名在天壤。”紧接着，他开始为袁谋划起治国安邦的大计来：在财政上，“不能不乞灵外债”，要统一货币为虚金本位制。但要注意，借债必须善用，若不能善用，借债就是亡国的祸根。在政治上，要善于操纵舆论，“善为政者，必暗中为舆论之主，而表面自居舆论之仆，夫是以能有成。今后之中国，非参用开明专制之意，不足以奏整齐严肃之治”。梁启超还替袁分析了政局。他认为，当时在政坛上出没的人士可分为三派：一为旧官僚派，二为旧立宪派，三为旧革命派。他认为，旧革命派从今以后可能会分为两派。他们因为感情上的因素，始终不能与袁世凯合并。此派人物只宜破坏，不宜从事建设。他们虽然人员众多，终不能结为有秩序的政党。政府对于他们不能采取威压政策，“威压之则反激，而其焰必大张；又不可阿顺之，阿顺之则长骄，而其焰亦大张；惟有利用健全之大党，使之为公正之党争，彼自归于失败，不足为梗也。健全之大党，则必求之旧立宪党与旧革命党中之有政治思想者矣”。这封信说明，梁启超派有意与袁世凯派合作，共同对付革命派。

梁启超于清末政事无役不与。他也深知“袁氏为人诡谲多术，颇不易合”，但他与革命党人的关系更坏，在海外曾有过不留情面的论争，具体事务中也多有龃龉，隔阂甚深，而且双方在建国方针上针锋相对，绝没有联合的可能。而袁此时尚没有完全暴露，梁对他还抱有幻想，认为尚有联合的可能。在梁启超看来，联袁可收一举两得的效果，既可以利用袁世凯来打压革命党，又可以借助袁的力量发展改良派的势力。

在为袁世凯歌功颂德、出谋划策之后，梁启超意欲归国了：“拟俟冰泮前后，一整归鞭，尽效绵薄，以赞高深，想亦为大君子所不弃耶！”

在袁世凯、黎元洪等人的一再催促下，1911 年 11 月初，梁启超自日本起程回国。此次回国与上次秘密回国、仓皇返日相比，真是不可同日而语。16 日，梁抵达津门，张锡銮、唐绍仪等北洋大员亲往迎接。三天之内，登门拜访者有二百人之多。28 日，梁启超进京，自戊戌至辛亥十四年过去了，当年梁是忍泪变装离故土，现在是精神焕发进京师。在北京，梁启超受到的欢迎更是盛况空前。在京十二日，各界召开的欢迎会有二十多场。每日来访者都在百人之上，除袁世凯外，梁没有主动拜访过别人。总理赵秉钧和各部总长徐世昌、陆征祥、孙宝琦、沈秉堃等旧官吏，都慕名来访。由于来访者实在太多，与重要人物只能晤谈二十分钟，对一般客人，只能谈上五分钟就得送客，其他人只能见面致意而已。

在觥筹交错的欢迎宴会上，梁启超每有演说、答辞，这些言论集中反映了他此际的思想变化。在辛亥革命的既成事实面前，他很快表示了赞成共和的意思，在《鄙人对于言论界之过去及将来》的演说中，梁说："故在今日，拥护共和国体，实行立宪政体，此自论理上必然之结果。"他还认为，辛亥后局面的形成，"平心论之，现在之国势政局，为十余年来激烈、温和两派人士之心力所协同构成，以云有功，则两俱有功，以云有罪，则两俱有罪"。

梁启超归国后，虽向袁世凯贡献了制宪、财政等方面的建国方略，但他将主要精力集中在办《庸言报》上，继续自己擅长的舆论鼓吹工作。这时他强调"立宪派人不争国体而争政体，其对于国体主张维持现状"，承认现在的国体现实，于政体则求贯彻将来的理想。他企图利用袁世凯作为实现自己立宪政体的工具，为立宪派的前途而奋斗。他将政党政治看作是民国政体运作的重中之重，他说："中国建设事业能成与否，惟系于政党；政党能健全发达与否，惟系于少数主持政党之人。此少数人者，若不负责，兴会嗒然，则国家虽永兹沉沦可也。"于是，他很快卷入民初的政争之中，成为改良派政党的中心和灵魂。

民国政府北迁后，各种政党如雨后春笋涌现出来，并经历了令人眼花缭乱的分化组合。1912 年 8 月，宋教仁以同盟会为中心，结合了几个小党，组成了国民党。为与国民党对抗，同年 11 月，几个改良派政党组成了民主党，梁启超被该党拥立为领袖。

1913 年 5 月，各政党展开了竞选活动。5 月 8 日，国会开会，国民党获胜，获得了多数席位。梁启超极为失望，见他支持的政党失败，一度萌生了放弃政治生活的打算。后因同党来津劝驾，“势相迫不能休”，他则“终日相对惟作悲观语，悲不可解”。虽然梁启超对局势的发展已有些心灰意冷，但事已至此，改良派的一干人眼巴巴地等着他拿主意，他只得勉力而为，打起精神来继续周旋。5 月 29 日，为对抗势力强大的国民党，共和党、统一党、民主党合并为进步党，梁启超仍是该党的实际领袖。

进步党的政纲是：一，采取国家主义，建设强善政府；二，尊重人民公意，拥护法赋自由；三，顺应世界大势，增进平和实行。可以看出，这些都是梁启超的一贯主张。1912 年底，梁撰写《中国立国大方针》，提出中国立国要秉持四条原则：“世界的国家”“保育政策”“强有力之政府”以及“政党内阁”。在《宪法之三大精神》中，又提出“国权与民权调和”“立法权与行政权调和”“中央权与地方权调和”。改良派政党的政纲贯彻了梁的这些主张。

梁启超要依靠袁世凯来扩张改良派的势力，在政党竞争中立于不败之地，不得不对袁世凯的倒行逆施有所迁就，而这些迁就实际上起了助纣为虐的作用。袁世凯可没有什么雅量搞政党政治，当他看到国民党领袖宋教仁甚得民心，呼风唤雨的本领越来越大，将要后来居上时，又急又气，欲除之而后快。1913 年 3 月 20 日，袁派人在上海火车站将宋暗杀。一时间舆论大哗，袁装模作样地命江苏都督程德全、民政长桂应馨追查到底。追查的结果很快出来了，暗杀的指示者不是别人，正是袁的内阁总理赵秉钧，而最后的主谋正是他大总统袁世凯。

梁启超也被牵涉进了这起政治谋杀案。宋遇刺后，谣传纷纷，作为宋教仁的政敌和主要竞争者，梁启超也被人们怀疑为幕后的主使者之一。对此，梁表示："吾与宋君所持政见时有异同，然固确信宋君为我国现代第一流政治家。歼此良人，实贻国家以不可复之损失，匪直为宋君哀，实为国家前途哀也。比闻元凶已就获，国法所在，当难逃刑，然虽磔蚩剸莽，曾何足以偿国家之所丧于万一者。诗曰：'作此好歌，以极反侧。'辄为此篇，以寄哀愤。"

尽管对宋教仁的不幸深表哀悼，梁启超还是继续拥护袁世凯。6 月 15 日，在进步党讨论时局问题时，梁提出对时局的三项主张：一，"鄙见对于总统问题主张仍推袁"，拥袁为正式大总统，为唯一的候选人；二，大借款不能反对，只能监督其用途；三，宋案纯为法律问题，要靠法律来解决。这样，袁刺杀宋教仁的主使之罪不但不问，反而要将袁由临时大总统捧上正式大总统的宝座。进步党接受了梁的主张。梁和进步党如此输诚，使袁世凯减轻了宋被暗杀后的舆论压力，为他以后进一步扫荡国民党打下了基础。

面对袁世凯的咄咄进逼，孙中山主张武力讨袁，但此时的国民党人心涣散，各怀心事，对袁的攻势根本无招架之力。直到袁的大军压境，国民党才仓促反抗，但已无力回天。7 月 12 日，革命党人李烈钧在江西湖口宣布独立，举兵讨袁，二次革命爆发。在二次革命中，梁启超继续站在袁世凯一边摇旗呐喊。他接连发表《说幼稚》《革命相续之原理及其恶果》《共和党之地位与其态度》等文章，攻击革命党人和他们发动的革命，说什么"革命只能产出革命，绝不能产出改良政治"，所以革命非国家之福，只能是国家的祸患。7 月 18 日，进步党发出“戡乱”通电，诬蔑李烈钧起兵讨袁“实欲亡我民国，以逞其私”，“促令政府迅速戡乱”。梁启超的如此作为是想借袁世凯之手扫除国民党在国会中的势力，使改良派和进步党能左右国会，把持政事。因此，他对袁世凯的态度颇为积极，频频向袁上书出谋划策。7 月 25 日，他致书袁世凯表示，“如有所驱策，随时见召，当即趋谒”。7 月 26 日，他又撰写《上袁大总统书》，指责“数日以前，国民党之党略，一面在南倡叛，一面仍欲盘踞国会以捣乱，一两日来见大势不利，又一变其方针，专务煽动议员四散，使国会不能开”。他鼓励袁世凯：“古之成大业者，挟天子以令诸侯；今欲戡乱图治，惟当挟国会以号召天下，名正言顺，然后向莫与敌也。”要使国民党议员不惊慌而走，他要袁与国民党人相约：“苟非有附逆实据，政府必不妄逮捕，脱有误捕，本党任为保结，借以安其心，勿使作鸟兽散。”真是替袁盘算到家了。梁启超这样做，为的是使国会得以合法地召开，能够将袁选为总统。

丧失了斗志的国民党人禁不住袁世凯的摧残，7 月至 9 月，仅三个月，袁世凯就轻而易举地扑灭了国民党人发动的二次革命。梁启超见政敌国民党已被袁世凯打进了血泊，国会中属进步党的势力大了，于是积极地争取由进步党来组阁。袁世凯认为，进步党卖力地支持了自己，理应投桃报李，不让进步党尝尝权力的滋味实在是说不过去。袁虽有意将组阁权交给进步党，但他可不想让梁启超出任总理。他不是不知道进步党的实际领袖是梁启超，但他对声名远播的梁启超存有戒心，害怕梁组阁后像宋教仁那样，领导进步党的国会议员中的多数，不便自己为所欲为。袁经反复思虑，将与进步党颇有渊源的熊希龄任命为国务总理。在二次革命的炮声尚未停息之际，7 月 31 日，袁即宣布了这一任命。熊在得到梁启超的支持后，匆匆赴任。他宣布要组建一个“第一流经验与第一流人才内阁”，将梁启超、张春、汪大燮、杨度等著名的改良派人士延揽进内阁。梁启超也踌躇满志，认为进步党组阁后，以自己财经方面的论著满箧盈筐，肯定会得到财政总长的位置而一展抱负。哪知当熊希龄前去与袁世凯磋商阁员名单时，袁早将外交、陆军、财政和内务等重要职位委任给他的私党孙宝琦、段祺瑞、周自齐和朱启钤，仅剩下司法、教育、农商等几个无足轻重的职位让熊希龄去安排。梁启超只得到司法总长职务，大失所望，拒绝入阁。经熊希龄苦苦哀求，梁启超才同意入阁。9 月 12 日，熊内阁上台行政。

梁启超是熊内阁的台柱子。既然进步党内阁已出笼，梁启超就想施展他多年来主张的改良主义政策，做出一番政绩。他写了《政府大政方针宣言书》，确立了这个内阁施政的方向和重心。在这份文件中，梁启超提出了前任内阁没有提也不敢提的举措，即实行裁军和废省改道，要将全国的军队缩减为五十镇。还在行政、外交、法律、教育方面提出了一些构想。梁启超还要在熊内阁任内制定一部宪法，使中国走上宪政的轨道。梁裁军和废省的主张触动了军阀割据势力的根本利益，他们都想把这个要挖掉自己命根子的内阁赶下台。梁启超的主张袁世凯也不欣赏，袁要的是绝对专制、个人独裁，他梦想着皇帝的尊严和权利，梁启超满盘的宪政理念袁怎能接受？熊内阁上路伊始，就潜伏了梁启超与袁世凯主张内在紧张的矛盾，预示着这个内阁既不能实施政策，也不能长命。

袁世凯当初要熊希龄出来组阁，并非是他求贤若渴，而是要安抚一下进步党，再利用进步党人去排除国民党在国会的势力；再下一步，将国民党解散，将国会一脚踢开，实行专制独裁。所以正当进步党人要大干一番的时候，袁世凯根本不理会进步党关于“先定宪法，后选总统”的主张，公然于 10 月 6

日强行进行正式大总统的选举。袁世凯当上正式大总统后，国会也就寿终正寝了。他借口国民党搞了“二次革命”，解散了国民党，取消了该党党员的国会议员资格，追缴了他们的议员证章、证书。经这一打击，国会已凑不足法定人数来开会，名存实亡了。

梁启超此时还在附和袁世凯。他在《国会之自杀》一文中对国会作了一番咬牙切齿的评论：“两旬不能举一议长，百日不能定一院法。法定人数之缺，日所有闻；休会逃席之举，成为故实；幸而开会，则村妪骂邻，顽童闹学，框攘拉杂，消此半日之光阴，则相帅鸟兽散而已。国家大计，百不及一，而惟岁费六千是闻。”国会是有这样那样的毛病，但这样攻击国会，不正给了袁解散国会的借口吗？没有了国会，政党政治到哪里去实施呢？

梁启超在司法总长任上难有作为。尽管他提出了许多改革法制的主张，但由于袁世凯采取消极态度，哪一项都实行不了。1913 年 11 月 26 日，他在给康有为信中抱怨道，“此一年数月间，实为武人政治，时其饥饱，达其怒心”。在政府用人问题上，“总统心目中有人，总理心目中有人”，结果真正有用之才不能用一人。他已萌生辞职之意了，表示“计非辞职，无术自全也”。

袁世凯也感觉这个进步党内阁碍手碍脚了，决定让熊内阁为难。在袁的掣肘下，熊内阁用人用不成，要钱没有钱，只能以走为上策了。1913 年底，熊希龄首先提出了辞呈，接着梁启超也递交了辞去司法总长的呈文。1914 年 2 月 12 日，袁世凯也觉得进步党已无利用价值，终于批准了他们的辞呈。

梁启超辞去司法总长后，袁觉得对他还得安抚一下，于是又委给他一个币制局总裁的闲散官职，梁只好“污尊屈就”。上任后，梁启超还是想发挥才干，将中国当时混乱不堪的币制整理成近代币制。但他很快发现，将他搁在这个位置上，只是袁在敷衍他而已，他是干不成什么事的。他在《余之币制金融政策》一文中大吐苦水，说他的政策“适成为纸上政策而已。若问易为不能设施，则吾良不知所对，吾惟知吾才力之不逮已耳。……天以吾之摇笔弄舌，以论此项政策者垂十年，今亦终于笔舌而已，则夫政策论之在今日，其价值能几，盖可想见，岂惟币制，凡百皆若是耳”。年底，梁启超辞去了这个难堪的职位。

梁启超结束流亡生涯回国，下决心联袁，以满腔热情来建设国家，大展宏图，谁料想仅仅三年时间，他便由前呼后拥的风光场面落到了挂冠而去的凄凉境地。他感觉到与袁世凯的合作是与虎谋皮了，但此时他尚无反袁的决心。心灰意冷的他真正体会到了政治的尔虞我诈，这条路不好走，他第一次打退堂鼓了。1915 年 1 月，梁在《大中华》杂志上发表了《吾今后所以报国者》，声称要脱离政治：“吾自今以后，除学问上或与二三朋辈结合讨论外，一切政治团体之关系，皆当中止，乃至生平最敬仰之师长，最亲习之友生，亦惟以道义相切劘，学艺相商榷；至其政治上之言论、行动，吾决不愿有所与闻，更不能负丝毫之连带责任。”

现实与梁启超的设想相去甚远，那时的京津，已放不下一张平静的书桌，复辟帝制的逆流已蠢蠢欲动，对这逆历史潮流而动的举动袖手旁观，岂是梁启超的性格？于是，在退出政坛的声明墨迹未干之际，梁不得不打破诺言，从坐而言走向起而行，决心与复辟帝制死战到底。

笔伐袁世凯

梁启超在民国初年的联袁不能简单地看作无条件地拥袁。

作为资产阶级思想家和代言人，梁启超在海外曾广泛地吸收资本主义思想文化，他不仅具有民主思想，也服膺资产阶级法制观念。他强调建国和治国必须以法度为准则，认为只有健全各种规章制度，制定国家根本大法，才能把国家引上民主法制的轨道。而袁世凯是旧官僚出身，没有什么新思想，实行独裁反对民主的思想在他的头脑里是根深蒂固的。袁搞的还是传统的人治一套，对法治他其实是不屑一顾的。因此在梁袁合作之初，两人在建政和治国问题上的主张就南辕北辙，他们的合作一开始即隐含着深刻的危机，双方都将合作视为权宜之计，他们的结合是暂时的，分裂则是必然的结果。

袁世凯当上临时大总统后，采用种种手段逐步把国家一切大权集于一身。梁启超一方面赞成地方自治，但同时又认为中央非有绝大的权力，不能维持统一。所以，他对袁世凯采取了两面政策，“一方防制袁世凯，一方拥护袁世凯”。为了防止袁世凯专制独裁，梁启超主张实行政党政治，通过政党的竞争来争取组阁权，由此达到限制袁权利的目的。因此，梁启超以极大的热情投入民初的政党政治中，与国民党展开了激烈的竞争。双方从唐绍仪内阁争斗到赵秉钧内阁，国民党只恨内阁不能全操入己党手中，以为还是党势太弱，极力扩张党的势力；非国民党的人，也深恐内阁完全落入国民党的手中，极力造党与之抗衡。在两派你死我活地斗争时，袁世凯心中暗笑，坐山观虎斗。他早把这些人的心理看得极为透彻，把所谓政党任意玩弄，把所谓内阁制践踏到北洋的铁蹄之下。尽管梁袁为了反对革命派、排斥国民党，为争权夺利而暂时结合在一起，但是他们之间有着本质上的不同。梁启超虽回国为袁世凯政权效力，但他们从立宪到财政，从内政到外交，看法都大相径庭，使他们的合作一直不太顺利，难以水乳交融，双方的分裂是迟早的事。

即使在梁袁的关系破裂以前，梁启超对于袁世凯的政策也屡表不满。袁世凯就任大总统后，梁写了《中国立国大方针商榷书》《财政问题商榷书》，为中国今后的建设和整顿财政献计献策。然而，袁世凯上台后，把主要精力放在控制内阁，扩张自己的权力上，对梁提出的方略，应付的成分大于赞助，使梁的理想难以变成现实，这使梁启超颇为不满。他曾说，袁政府的设施，“无一能满意者”。尽管梁对袁有这样那样的不满，但为了国家局势的安定，也只能容忍，他当时的态度是，“临时期间暂主维持政府，俾国家犹得存在，以为将来改良政治之地步”。

政体遭践踏，梁启超尚能容忍，但当袁世凯要改变国体时，梁启超终于忍无可忍了，他毫不犹豫地表示了反对态度。1915 年初，袁世凯的长子袁克定让杨度作陪，在汤山宴请梁启超，探询梁对于帝制的态度。梁当即表示不能苟同。2 月 12 日，袁世凯任命梁启超为政治顾问，3 月 31 日又派梁考察沿江各省的司法教育事宜。对袁的这两项安排，梁都断然拒绝受命。随后，梁启超以回乡为父亲祝寿为名南下。

5 月 9 日，袁世凯批准与日本签订《二十一条》，举国上下人心激愤。梁启超对于袁世凯的卖国行为极为不满，不禁愤然而起，接连发表《中日最近交涉评议》《中日时局与鄙人之言论》《外交轨道外之外交》等十数篇文章，痛斥日本侵略野心，批驳日本媒体“中国侮慢日本”、梁启超“忘恩负义”的谰言。

6 月，梁启超由广东北返，过南京时与冯国璋见面，谈论帝制问题。冯是袁手下的一员大将，自然有权继任袁的位子，当袁要复辟帝制时，冯不乐意了，因为实行了帝制，皇位就得由袁的子孙继承，就轮不上他了。梁冯二人经过讨论，当即决定一起入京谏袁。然而袁世凯矢口否认自己有帝制自为的野心，一本正经地表示愿意维护共和国体，继续玩弄他的骗术。

7月，袁世凯筹组宪政起草委员会，任命梁启超、杨度等为委员。梁启超敷衍过一两次以后，以患病为由请假，不再充当袁世凯的玩物。8月，袁的美籍顾问古德诺在《亚细亚日报》上发表《共和与君主论》一文，鼓吹“中国如用君主制，较共和制为宜”。另一顾问日本人有贺长雄抛出《共和宪政持久论》，宣扬中国应效法日本实行君主立宪，集权于袁世凯。同时，杨度、孙毓筠、严复、刘师培、胡瑛、李燮和等人又发起了“筹安会”，为袁世凯复辟帝制摇旗呐喊，一时间复辟的言论甚嚣尘上。

关于袁世凯自演复辟帝制自为的丑态，梁启超说得最好：“自国体问题发生以来，所谓讨论者，皆袁氏自讨自论；所谓赞成者，皆袁氏自赞自成；所谓请愿者，皆袁氏自请自愿；所谓表决者，皆袁氏自表自决；所谓推戴者，皆袁氏自推自戴。……左手挟利刃，右手持金钱，啸聚国中最下贱无耻之少数人，如演傀儡戏者然。由一人在幕内牵线，而其左右十数嬖人蠕蠕而动。此十数嬖人者复牵第二线，而各省长官乃至参政院蠕蠕而动。彼长官等复牵第三线，而千七百余不识廉耻之辈，冒称国民代表者蠕蠕而动。”

此时的袁世凯趾高气扬，不可一世，北京在他的严密控制之下，舆论界慑于他的淫威，噤若寒蝉，死气沉沉。梁启超见状，忍无可忍，一跃而起，连夜草就《异哉所谓国体问题者》一文。在这篇荡气回肠的长文中，梁启超痛快淋漓地怒斥了袁世凯的称帝野心，惟妙惟肖地描绘了袁世凯的丑恶嘴脸，表明自己与帝制复辟作斗争绝不妥协的决心。梁启超激愤难耐地说：“吾实不忍坐视此辈鬼蜮出没，除非天夺我笔，使不复能属文耳。”他大义凛然地表示：“就令全国四万万人中有三万九千九百九十九万九千九百九十九人赞成，而梁启超我一人断不能赞成也。”

在该文发表前，杨度曾派人与梁启超接洽，让梁参与他的鼓噪。不想梁对他的作为非但未表赞成，反而给他送来了绝交信和《异哉》一文。袁世凯得知《异哉》的内容后，十分惊恐，他明白这篇文章不啻一枚重磅炸弹，一经发表，定能激起千层浪。对梁启超这位舆论界的巨子，袁打算用银弹来收买。他迅速派人赶往天津，给梁启超送来二十万银圆，劝他不要发表《异哉》一文。梁婉言拒绝，退回巨款，并誊录了一份《异哉》送给袁。袁世凯见来软的不行就来硬的，派人危词威吓梁启超说："你曾经亡命十年，这样的滋味既以饱尝，你又何必自找苦吃呢?"梁启超答以"不愿苟活于此混浊空气中也"。来者无言以对，不得不狼狈而退。

1915年9月3日，《异哉所谓国体问题者》在北京英文报纸《京报》的中文版上首先发表，迅即引起轰动。《神州日报》载文详细描述了《异哉》一文发表时的盛况："英文《京报》汉文部之报纸即日售罄无余，而茶馆、旅馆因无可买得，只可向人辗转抄读。又有多人接踵至该报请求再版。后因物色为难，竟售至三角，而购者仍以不能普及为憾。及次日《国民公报》转录，始少见松动……《国民公报》销路畅旺，为向来北京报纸所未有。"9月6日，《申报》《时报》《时事新报》《神州日报》等上海各报同时开始连载《异哉》一文。《异哉》的发表，犹如"拨云雾而睹青天"，揭露了袁世凯背信弃义复辟帝制的骗局，"兴妖作浪，徒淆视听而治国家以无穷之戚"的罪行，号召四万万中国人起而讨袁，再造共和。梁启超言"全国人人所欲言，全国人人所不敢言"，在社会上产生了振聋发聩的作用，为护国运动广泛地制造了舆论。

《异哉》的发表，自然使袁世凯懊恼不已，但他认为梁启超只不过是晃动笔杆子的文人，不足为虑。哪料想正是这个文人鼓动四方，把他赶下了台，成为他的掘墓人。

谋划护国运动

1915 年，梁启超、唐继尧、蔡锷等人在云南发动了反对袁世凯复辟帝制的护国运动，推翻了洪宪帝制，并将袁世凯送进了坟墓。

关于护国运动的发动，后来梁启超曾回忆到，1914 年底，他越看袁世凯的举动越觉得不对劲，觉得有和他脱离关系的必要，便把家搬到天津。筹安会发表宣言的第二日（1915 年 8 月 15 日），蔡锷从北京搭晚车来天津，拉着梁和他们另外的一个朋友一同到汤觉顿的住处。他们四个人商量了一夜，觉得如果不把讨袁的责任背在自己的身上，中华民国恐怕从此就完结了。因为那时旧国民党的人都已逃亡海外，留在国内的许多军人、文人都被袁世凯收买得干干净净。蔡锷说："眼看着不久便是盈千累万的人颂王莽功德，上劝进表，袁世凯便安然登其大宝，叫世界看着中国人是什么东西呢？国内怀着义愤的人，虽然很多，但没有凭藉，或者地位不宜，也难发手。我们明知力量有限，未必抗他得过，但为四万万人争人格起见，非拼着命去干这一回不可。"

于是，梁启超、蔡锷、汤觉顿等人商量进行反袁斗争的办法。他们认为，唯一办法，就是依靠蔡锷在云南、贵州的旧部来举义。

梁启超和蔡锷有师生之谊，这是人所共知的。为了迷惑袁世凯，梁、蔡二人做出分道扬镳的样子。梁启超发表《异哉》后，蔡锷在北京逢人便说："我们先生（梁启超）是个书呆子，不识时务。"有人问他："你为什么不劝劝你先生？"蔡锷无奈地说："书呆子哪里劝得转来！但书呆子也不会做成什么事，何必管他呢？"为了不让袁感觉有异，蔡锷假装是拥护袁复辟帝制的，在军官赞成帝制的文件上，毫不犹豫地都签了名。蔡锷还假装胸无大志，在北京期间，和名妓小凤仙打得火热，一副乐不思蜀的样子。

即使这样，袁世凯也没有完全放松对蔡锷的监视。有一天，有四五个穿着很整齐的人，带着手枪到蔡锷家抢劫。但是奇怪，他们什么值钱的东西也不抢，只是翻箱倒柜像要搜查什么书籍纸片之类的东西，结果没搜到什么，空手走了。后来才知道，是袁世凯派人来偷蔡的电报密码本。蔡早就防备到袁会有这一手，在此前已把几十部密码本转移到天津梁启超的卧房里去了。

虽然袁世凯盯梢盯得紧，但梁启超和蔡锷也在加紧设法逃离京津，南下发动起义。1915 年 11 月底，蔡锷托病住进天津某医院。12 月 2 日，蔡锷改穿和服，变换姓名，登上了日本的运煤船，悄然离去。袁世凯以为蔡锷去了日本，实际上蔡锷已南下上海、香港，经河内前往云南，去主持倒袁大计了。

梁启超则一直稳坐钓鱼台，待在天津不动。他怕一走会使袁世凯起疑，蔡锷不能顺利到达云南。事先他们已约好了日子，算准了时间，蔡锷一到云南，梁启超便前往上海。他们在分手的时候相约："事之不济，吾侪死亡，绝不亡命。若其济也，吾侪引退，绝不在朝。"

蔡锷于 12 月 19 日到达云南昆明。16 日，梁启超以"赴美就医"为名，先去大连，再赴上海，欲为"渔阳之变"。临行前，梁启超上书袁世凯，对袁做最后的规劝："我大总统何苦以千金之躯，为众矢之鹄，舍磐石之安，就虎尾之危，灰葵藿之心，长萑苻之志？启超诚愿我大总统以一身开中国将来新英雄之纪元，不愿我大总统以一身作中国过去旧奸雄之结局。"他苦口婆心地劝谏道："逆世界潮流以自封，其究必归于淘汰。"梁启超对袁世凯也算是仁至义尽了！无奈利令智昏的袁世凯哪能听得进梁的逆耳忠言呢？有鉴于此，梁启超的反袁护国之役不得不发了。

梁启超到上海后，日子也不比在天津好过，还是受到袁世凯派来密探的严密监视，处境相当艰险。他一步不出住所，在住所一杂客不见。每日由远邻送饭两次，电灯、自来水都不敢开，“每日茶水之矜贵，殆如甘露，然吾颇觉此境甚乐也”。

在艰苦的环境中，梁启超与外界保持着密切的联系，有人上门与他互通情报，与蔡锷、唐继尧等进行着函电联系，互通情况，对护国军进行着精心的策划和指导。梁还与南京的冯国璋联系，想策动冯国璋赞助护国军起义。

1915 年 12 月 25 日，云南宣布独立。以蔡锷为总司令的第一军进军四川，李烈钧的第二军进军广西，云南都督唐继尧兼任第三军总司令，驻守昆明。云南宣布独立前后发出的文电，如《云南致北京警告电》《云南致北京最后通牒电》《云贵檄告全国文》等，都是梁启超事先拟好的。

云南独立后，梁启超仍然居住在上海，对蔡锷在西南一带的军事行动进行着指导。但随后的护国战争进行得并不顺利。自从云南宣布独立以后，除贵州外，在三个多月的时间里，没有一省响应。袁世凯得知蔡锷起兵后，连忙下令，派曹锟、张敬尧等率兵进攻蔡锷的军队，形成蔡锷以不满五千人的饥疲之众对抗曹锟的几十万器械精良、粮饷充足的大军的险境。袁世凯以为梁蔡之流成不了什么大事，在 1916 年元旦大大方方地去做他的皇帝了。梁启超忧心如焚，写了许多信给各省的将军们，也没有什么回音。梁最在意的是广西都督陆荣廷的态度，但陆很长时间态度不明朗，对反袁不置可否。直到 2 月上旬，陆荣廷才派人带着他的亲笔信到上海来找梁启超，说他欢迎梁到广西去。只有梁到广西去，他才会宣布独立。得到这个消息，梁启超感到喜从天降，他没有一点迟缓和怀疑，答复说立刻就去广西。

但怎样去可使梁启超犯了难，袁“捕拿梁启超就地正法”的命令早已发布到各地，经广东前往广西是走不通的。那么只剩下一条路，就是经越南进入广西。但去越南又必须经香港，而当时的香港也是十分危险的。而且梁启超在上海的住宅周围遍布侦探监视，出大门都不容易。3 月 4 日，在日本驻沪武官青木的帮助下，梁启超、唐觉顿等人躲过袁世凯的眼线，乘坐日本邮船离沪。虽然上了日本船，梁启超还是十分小心，整日蛰伏在船舱的最下层，只有在夜深人静时，才登上甲板呼吸一口新鲜空气。上船以后，上海的侦探发现了梁的踪迹，赶紧发电报到香港。港英政府派人来搜船，梁启超躲到船上的煤炭房里，没有被搜到。随后他又偷偷地搭乘另一条货船前往越南，在历经千辛万苦之后，才在日本人的协助下，于27 日进入镇南关。在此之前，3 月 15 日，陆荣廷已任命梁启超为总参谋，宣布广西独立。

广西独立，使云南、贵州、广西等地连成一片。云川边境上的护国军受到极大的鼓舞，重新对袁军发动反攻。冯国璋见时机成熟，联合江西将军李纯、浙江将军朱瑞、山东将军靳云鹏、湖南将军汤芗铭联名上书袁世凯，要求取消帝制，恢复共和。在强大的压力下，袁世凯被迫于 3 月 22 日下令撤销帝制，只做了八十三天的皇帝，便被赶下了金銮殿。但仍赖在大总统的位置上不肯下来。

广西宣布独立之后，梁启超就想策动广东一同行动。在压力之下，龙济光于 4 月 6 日被迫宣布广东独立。但龙于 4 月 12 日制造了“海珠惨案”，杀害了梁启超的好友汤觉顿等三人。

4 月份以后，浙江、四川、湖南也宣布独立。袁世凯的亲信四川将军陈宧和湖南将军汤芗铭先后发出通电，劝袁退位。袁世凯彻底众叛亲离了。

5 月 1 日，两广都司令部在广东肇庆成立，岑春煊为都司令，梁启超为都参谋。5 月 6 日，在梁启超的策划下，护国军军务院在肇庆成立，唐继尧为抚军长，岑春煊为副抚军长，梁启超等为抚军。

在逼迫袁退位渐达高潮的时候，发生了一个小插曲。当梁启超派人去见康有为时，康仍然“大声疾呼以主张其平昔之复辟论也，且谓吾辈若不相从，后此恐成敌国”。袁世凯取消帝制后，康有为发表《请袁世凯退位电》《为国家筹安定策者》，公然主张清帝复辟。作为康有为昔日的学生，梁启超十分难堪，他认为其师的言论会对他的政治活动造成不利影响，因而随即发表《辟复辟论》，对康有为的复辟谬论予以尖锐的批评，说“吾既惊其颜之厚，而转不测其居心之何等也”。师生二人在政治上决裂了。

1916 年 4 月 14 日，梁父宝瑛病逝于香港，梁启超悲痛万分，决定辞去军务院各种职务，为父亲守丧。

在内外交困中，袁世凯积忧成疾，终于在 6 月 6 日一命呜呼。至此，护国战争取得了胜利。

袁世凯暴死后，西南护国军唐继尧、岑春煊、梁启超、蔡锷、陆荣廷主张由副总统黎元洪继任总统。梁启超提出南北和解的六项条件：一，恢复旧约法；二，召集国会；三，惩治祸首；四，南省北军撤还；五，废将军巡按，官职一律改称都督；六，双方要人在南京或武昌召开善后会议。

北京政府在一定程度上满足了梁启超的要求。6 月 29 日，黎元洪就职。8 月 1 日，召开国会，废除袁世凯设立的法令和机关，任命段祺瑞为国务总理。

但段祺瑞在许多方面没有满足梁的要求，梁提出杨度、严复、梁士诒等十三人为帝制祸首，应予惩办。段祺瑞不愿照办，他一面谋求缓刑，暗示这些人离开北京；一面与梁启超等人斡旋，以为开脱。梁认为段祺瑞“宅心仁厚”，对帝制祸首的惩办也就不了了之。

对于护国战争的善后，梁启超将安定国家的希望寄托在段祺瑞的身上。他认为在段的领导下，“我国之共和政治必日趋巩固”。7 月 15 日，在梁启超的一再催促下，唐继尧宣布撤销军务院，国家大权又重新掌握在北洋军阀的手中。

蔡锷被任命为四川督军和省长，但蔡锷病情加重，国内无法医疗，不得不去日本继续就医。梁启超将护国战争期间起草的文电、宣言及回忆录等汇编为《盾鼻集》，请蔡锷作序。蔡锷不幸于 11 月 8 日在日本病逝，年仅三十四岁。

拥戴段祺瑞

由于梁启超在护国运动中表现亮眼，北京政府向梁启超伸出了橄榄枝。7 月初，大总统黎元洪赞许梁为“泰山北斗”“楷模人伦”，要延揽梁为总统府秘书长。梁启超可能想起了同蔡锷的约定，不愿在此时深陷旋涡，作茧自缚，婉言谢绝了黎的邀请：“自审才器所宜，觉今后报国之途，与其用所短以劳形于政治，毋宁用所长以献身于教育。”8 月，梁启超对记者讲他要做一个“在野政治家”，他觉得自己“在言论界补助政府，匡救政府，似尚有一日之长，较之出任政局或尤有益也”。这说明他还是有一些自知之明的，也开始盘算着回到他擅长的教育界或舆论界。但梁启超在内心里对从政还未完全死心，还做不到自鸣高蹈，很快，他又以全部身心投入北京的政治风暴中去了。

恢复了的国会仍是国民党和进步党相对抗的战场，只不过两者都已改头换面粉墨登场。国民党已转化为宪政商榷会，又称商榷系；而进步党已转化为宪法研究会，又称研究系，梁启超仍为它的首领，在上海遥控指挥。研究系的议员拥护总理段祺瑞，商榷会的议员则大多支持总统黎元洪。黎段之间、商榷系与研究系之间，展开了激烈的政争。

在宪法修订问题上，梁启超和研究系认为，中国在议会中没必要搞两院制，认为两院容易意见相左，没有一院制省事；省制入宪不可，应以单行法律规定之；省长也不要民选，要保留中央的省长任命权；应缩小国会的权力，扩张国权。这些主张，段祺瑞都是欢迎的，而商榷系的主张则与之完全相反。梁和研究系的主张最后大多未写入宪法。

黎元洪与段祺瑞在中国是否对德宣战的问题上争论更加激烈，两人最后摊牌，导致了北京政局的巨大震荡。1917 年 2 月 1 日，在第一次世界大战中处于不利境地的德国实施无限制潜艇政策，严重侵犯了中立国的利益。2 月 3 日，美国加入战局，对德宣战。随后，一些中立国纷纷与德绝交、宣战。中国也到了必须在这个问题上表态的时候。

总统黎元洪害怕总理段祺瑞借参战之机扩张势力而极力反对参战，国内舆论也一面倒地反对参战，认为作为弱国的中国应在这场世界大战中保持中立。梁启超则力排众议，力主对德宣战。而在此之前，梁启超是欣赏德国的，是德国必胜论的鼓吹者。两年前，他曾写有《欧洲战役史论》，宣扬的就是这种论调。但现在他来了个一百八十度的大转弯，原因是他已看出美国参战后，德国在战场上已坚持不了多长时间，中国参战有百利而无一害。他指出，参战是中国跻身国际社会，增强国际地位的一个大好时机。欧战结束后，各国将来的命运，大半取决于在和平会议上的席位。我国将来列席和平会议，能在多大程度上保全中国的主权虽然不能确定，但如果不参战，则战后中国必被排除在和平会议之外，完全听由他国处置决定，后果将不堪设想。为此，他不顾反对党的攻击，主张参战不遗余力。可以看出，梁启超主张参战，主要是出于国家利益的考虑，而不是要投靠日本帝国主义，趁机发展势力，消灭异己。从参战的动机上看，梁与段祺瑞和交通系是有本质区别的。美国驻华公使芮恩施就说，虽然日本人长期对梁以朋友的态度相待，但他无疑相信自己是一个爱国的中国人，他准备利用日本人的援助，但绝不愿放弃国家的一切基本权利。

段祺瑞也希望参战，但他考虑的可不是什么中国的国际地位，而是想借参战之机扩大自己的军事实力和政治权力，以便推行其武力统一政策，因此与梁启超不谋而合，均主张与德绝交、宣战。

2 月 8 日，在段祺瑞的督请下，梁启超由上海来到北京。9 日，梁启超入总统府劝说黎元洪对德宣战。在梁的劝说下，黎对德国的新潜艇政策提出抗议，但仍不同意与德绝交。

3 月初，段祺瑞在国务会议上通过了对德绝交的咨文。3 月 10 日、11 日，国会参众两院分别通过了对德绝交案，并于 14 日对外宣布。

梁启超接连发表《外交方针质言》《余与此次对德外交之关系及其所主张》等文章，推动在绝交后对德宣战。他还以在野党领袖的身份与各国使节频繁接触，交换意见。而以商榷系占多数的国会只肯走到对德绝交这一步，说什么也不同意对德宣战。4 月 25 日，段祺瑞召集各省督军到京，授意他们胁迫黎元洪及国会同意参战，不成就解散国会。不成想黎元洪非但不肯就范，反而于 5 月 23 日下令解除段祺瑞的总理及陆军总长职务，二人彻底翻脸了。段祺瑞哪肯善罢甘休，煽动皖奉等省督军宣布独立，而研究系的议员也纷纷辞职离京，政府、国会停止运转，陷入了瘫痪，政局一片混乱。

黎元洪焦头烂额，他请徐世昌出面收拾残局，徐拒绝了；请梁启超出面斡旋，梁以“与世暂绝”为由袖手旁观。不得已，他请“辫帅”张勋进京“调停国事”。这正中张勋下怀，他先逼迫黎解散了国会，又于6月14日率领四千三百余名“辫子军”进入北京。

张勋进京可不是来调停什么国事的，他是要让大清复辟。张勋在进京前，已与康有为商定，他率军进京后，康有为负责起草溥仪复位的诏书。6月28日，康有为接到张的电召，剃掉胡须，化装成一个怪模怪样的老农匆匆北上。7月1日，康有为和张勋这文武“二圣”一起捧出清废帝溥仪，宣布恢复大清帝国。张勋捞到了内阁议政大臣的头衔，康有为则差强人意，弄了个弼德院副院长。

复辟发生后，黎元洪逃入日本使馆，誓不承认帝制，致电副总统冯国璋请其代行总统职权，又令段祺瑞重任国务总理，请其举兵讨伐张勋。消息传出后，梁启超、段祺瑞密商于天津租界，决定起兵讨伐张勋。7月2日，梁启超、段祺瑞在第八师驻地马场召开军事会议，决定组织“讨逆军总司令部”，段祺瑞自任讨逆军总司令，梁启超、汤化龙等为参赞。3日，发出了梁启超的《代段祺瑞讨张勋复辟通电》。梁还以私人名义发出一份《反对复辟电》，痛斥张勋、康有为“公然叛国叛道”，指出“此次首造逆谋之人，非贪黩无颜之武夫，即大言不惭之书生”，矛头直指张勋、康有为。众所周知，康是梁的老师，梁如此痛骂，有人觉得拉不下脸来。据说通电草就后，有人问梁：“足下上马草檄，诚为文士得意之笔，然昔日庾公之期于子濯孺子，不忍以夫子之道反害于夫子，今令师南海先生从龙新朝，而足下露布讨贼，不为令师留丝毫地步，其于师弟之谊何？”梁启超理直气壮地回答：“师弟自师弟，政治主张则不妨各异，吾不能与吾师共为国家罪人也。”至此，康梁在政治上彻底决裂了。

马场誓师后，讨逆军进攻北京，“辫子军”不堪一击，一触即溃。见大事不妙，康有为、张勋分别溜进了美国、荷兰使馆避难，溥仪也不得不第二次宣布退位，复辟闹剧仅仅上演了十二天就收场了。

复辟失败后，康有为不仅不对自己逆历史潮流而动的举措反省，反而将复辟失败的原因归结为梁启超的“背叛”，咒骂自己这位昔日的亲密学生为“梁贼启超”，并将梁比喻为专食父母的恶兽而作诗咒骂。可见康有为对梁启超已恨之入骨。直到刘海粟等从中积极调停后，二人的关系才略见缓和。1922年，康有为的原配夫人在上海去世，梁启超亲往吊唁，而师生间的亲密关系已荡然无存，只是维持着表面上的师弟之谊而已。1927 年 3 月，康有为病逝。4 月，梁启超为康举行公祭，循人之常情，祭文也有为逝者讳的笔调，梁置其他细末于不顾，唯独婉转地提到了丁巳复辟：“复辟之役，世多以此为师诟病，虽我小子，亦不敢曲从而漫应。”而这恰好点明了师生间最大分歧之所在。

张勋被打得落荒而逃，这下段祺瑞摇身一变成为再造共和的英雄，与梁启超联袂返回北京。7 月 14 日，黎元洪宣布辞职，副总统冯国璋就任总统。17 日，段祺瑞公布了新内阁的名单。财政、内务、司法、教育、外交、农商、交通、海军总长分别为梁启超、汤化龙、林长民、范源濂、汪大燮、张国淦、曹汝霖、刘冠雄，陆军总长由段祺瑞兼任。前六位总长都属于研究系，这个内阁是研究系最为风光的时刻。梁启超决心依靠段祺瑞的武力来实现自己改革中国金融的抱负，因此愉快地接受了财政总长的职位。他在《民国初年之币制改革》一文中说：“洪宪以后，我本不想再入政界，不过当时一来因段芝泉（段祺瑞）组阁，不得不与之合作，二来见机会太好了，本人确有野心来整理财政，所以去干财政总长。”

段内阁上路后，于 8 月 14 日发表了由梁启超起草的对德宣战的布告，加入协约国。梁的对德宣战目标实现了。但段舍不得把军队派到国外去打仗，他还得留着这些兵马打内战呢，所以只派了十多万劳工到欧洲去。

梁启超就任财政总长后，力图改变清末以来紊乱的币制，以此为突破口，谋求中国经济的发展，所以上台伊始，他提出了“改革币制，整顿金融”的目标。在梁启超看来，在寅吃卯粮的财政下，他还是有灵丹妙药来整顿金融的。他的万灵丹就是利用缓付的庚子赔款和对外借款来彻底改革币制，整顿朝不保夕的金融。中国参战后，协约国同意中国缓付庚子赔款五年，这样每年就减少了一千三百万元的支出。这当然还不够，梁打算利用他在日本的老关系再借些款。8 月 28 日，从日本借得了一千万日元的“善后大借款”。10 月 21 日，又借到了四百五十多万日元。

正当梁启超野心勃勃地要在金融上大干一场时，他发现，他筹到的这些钱根本用不到他的币制改革上。他的搭档段祺瑞另有打算，段要将这些钱用在他的军队上，以武力敉平孙中山和南方对他的挑战。

段上台后，国内政治再生波折。这时民国虽然有了段内阁来执政，但没了宪法和国会。原来的国会在张勋复辟时已被强行解散了，恢复国会本是理所应当的事。不过段、梁不想再恢复国会了，他们认为旧国会中国民党的力量太大，给他们造成了许多麻烦，再恢复，会造成极大的动乱。既然共和是“再造”的，那就不必恢复国会了，应先组织一个临时参议会，再重新举行国会的选举，这样可以踢开旧国民党的势力，解除对进步党的束缚，达到控制国会的目的。

梁的这种想法等于将依《临时约法》产生的国会判了死刑，引起视《临时约法》为民国象征的孙中山的不满和反对。1917 年 7 月，孙中山发表护法宣言，邀请议员南下组织政府。

8 月，孙中山在广州成立了护法军政府，联合西南各省的军阀同北洋政府对抗。8 月 11 日，云南督军唐继尧通电宣布拥护护法。9 月 1 日，广东非常国会选举孙中山为军政府大元帅，护法运动掀起高潮，南北对峙的局面正式形成。

对孙中山和南方的挑战，段祺瑞不能容忍，决心使用武力镇压，消灭南方政府，统一全国。因此梁启超辛辛苦苦筹集到用来整顿财政的资金，被段祺瑞充当军费，投入没完没了的战争中去了。梁启超对此无可奈何，计无所出，不得不提出辞呈，准备挂冠而去。总统冯国璋执意挽留，梁没办法，收回了辞呈，但已只是勉强维持残局而已。

11 月初，国会议员名单揭晓了，梁的进步党还是未能在国会中占上风，只占有三分之一的席位，另外三分之二的席位被段祺瑞的御用党安福系拿走了。国会又大权旁落，梁启超指望进步党多数组阁，左右国家政治的设想又一次落空了。在袁世凯那里实现不了的政治抱负，在段祺瑞这里同样也实现不了。

11 月 15 日，段祺瑞在四川、湖南用兵失败，梁启超呈请辞职，全体内阁成员也随之递上辞呈。冯国璋对梁竭力挽留，但梁启超去意已决，于 18 日单独再上辞呈，恳请准予即日免去财政总长职务，22 日获准。梁启超只干了四个多月的财政总长便干不下去了，成了一任短命的财政总长，他多年的财政抱负终于付诸流水。梁启超说他财政总长干不下去，“不能有所施展的一个重要原因，乃段祺瑞的西南用兵政策，消耗了北京政府所有的财力。段氏用兵期间，军费庞大，加之各省军人不仅截留解款，进而藉故向中央需索，几使中央濒于破产”。

梁启超再入政坛，除了对德宣战得以实现外，其他的改革愿望都成了空中楼阁。他在晚期曾对自己的从政经历作过反省：“别人怎么议论我我不管，我近来却发明了自己一种罪恶，罪恶的来源在哪里呢？因为我从前始终脱不掉‘贤人政治’的旧观念，始终想凭藉一种固有的旧势力来改良这国家，所以和那些不该共事或不愿共事的人也共过几回事。虽然我自信没有做坏事，多少总不免被人利用我做坏事，我良心上无限苦痛，觉得简直是我间接的罪恶。”这时，他才弄明白，强权出真理，在自己没实力时，想依靠别人来实现自己的抱负是不可能的。

从此，梁启超对从政死了心，决心退回到教育和舆论的老本行。

参与“五四”

1917 年，梁启超结束了政治生涯。他灰心地认为：“此时宜遵养时晦，勿与闻人家国事，一二年中国非我辈之国，他人之国也。”但作为一个关心国家前途的人来说，梁启超怎么能与政治一刀两断呢？在中国近现代史上具有划时代意义的五四运动，梁启超也曾参与其中。

1918 年 12 月初，梁启超决定前往欧洲游历。关于此次游历的目的，梁曾明确说明：“我们出游目的，第一件是想自己求一点学问，而且看看这空前绝后的历史剧怎样收场，拓一拓眼界。第二件也因为正在做正义人道的外交梦，以为这次和会真是要把全世界不合理的国际关系根本改造，立个永久和平的基础，想拿私人资格将我们的怨苦向世界舆论申诉申诉，也算尽一二分国民责任。如今外交是完全失望了。”恰好北洋政府为了表彰梁启超推动对德宣战的功绩，让他组织一个“欧洲考察团”，到欧洲去考察。这与梁的想法不谋而合，梁欣然从命。

经活动，北京政府提供了六万元的公款作为梁一行的旅费，他又自筹了四万元，以中国出席巴黎和会代表团会外顾问的身份前往欧洲，以为中国代表团的外交后援。12 月 28 日，梁启超与张君劢、蒋方震、刘崇杰、杨鼎甫等从上海乘日轮起程，前往欧洲，丁文江、徐新六另船前往。经过两个多月的旅行，1919 年 2 月 11 日，梁启超一行抵达伦敦。此前，进行战后安排的巴黎和会，已于 1919 年 1 月 18 日开始举行。

在国内，2 月 11 日，一些社会名流在北京大学发起组织了“国际联盟同志会”。梁虽然远在海外，但还是被推为理事长，梁不在时，由汪大燮代理，蔡元培、王宠惠、熊希龄等为理事。这样，梁就具有了巴黎和会中国代表团会外顾问的身份。

2 月 18 日，梁启超等到达巴黎。作为民间代表，梁在巴黎的活动是出色的。在争回山东权益问题上，他倾注了很多心血。他刚抵巴黎就听说中日已谈妥，由日本继承德国在山东的权利。梁忧心如焚，赶紧出面辟谣，并将自已在途中所写的《世界和平与中国》一文，翻译成英、法文，广为散发，宣传中国的要求，表达中国人民对和平会议的期望。在文中，梁启超提出了中国的基本要求：一，胶州湾及青岛应与山东路矿一并由德国交回中国；二，1915 年 5 月及 1918 年 9 月中日两国的密约应归无效；三，修正关税；四，取消庚子赔款；五，渐次撤废各国租界；六，统一铁路外资；七，各国放弃在华特权。3 月 9 日，梁在巴黎《时报》发表文章，驳斥了日本占据山东的借口：“胶州湾德国夺自中国，当然须直接交回中国，日本不能藉口有所牺牲有所要求，试问英美助法夺回土地，曾要求报偿耶?”随后，梁启超在万国俱乐部为他举行的宴会上发表演讲，面对包括来自日本在内的各国记者，表明中国的立场，将中国人民渴望收回权益的心愿传播出去，“若有一国要承袭德人在山东侵略主义的遗产，就是世界第二次大战之媒，这个便是和平公敌”。

梁启超还及时与国内的民间外交团体互通声息。3 月 11 日，他将段祺瑞政府 1918 年 9 月与日私订密约，承认日本为德国在山东的合法继承者，以至中国在对外交涉中极为不利的消息发电报告知外交委员汪大燮、林长民等。“交还青岛，中、日对德同此要求，而孰为主体，实为目下竞争之点。查自日本占据胶济铁路，数年以来，中国纯取抗议方针，以不承认日本承继德国权利为限。本去年九月间，德军垂败，政府究用何意，乃于此时对日换文订约以自缚，此种密约，有背威尔逊十四条宗旨，可望取消，尚乞政府勿再授人口实。不然千载一时良会，不啻为一二订约之人所败坏，实堪惋惜。”

林长民等得电后，决定组织国民外交协会，向北洋政府施加压力。4 月 8 日，协会成立，会长张謇代表协会致书梁启超，委托他作为该会代表向与会代表递交请愿书。梁接到电报后，毫无推诿，表示此次欧洲之旅虽为私人考察，“然苟可以为国家雪耻复权者，不敢辞匹夫之责。山东问题，国命所关，痛陈疾呼不待言矣”。

日本在会议上不断向英、法、美等国施加压力，三国对日让步，同意将德国在山东的权利让与日本，中国在巴黎和会上的外交宣告失败，梁启超的努力没有取得成功。4 月 24 日，梁启超提前得到列强交易的消息，迅速告知国内外交协会：“汪、林两总长转外交协会：对德国事，闻将以青岛直接交还，因日使力争，结果英、法为所动，吾若认此，不啻加绳自缚，请警告政府及国民，严责各全权，万勿署名，以示决心。”

4 月 30 日，山东被出卖的消息得到证实后，梁启超立即电告国内。5 月 2 日，林长民在《晨报》头条刊登了他撰写的《外交警报警告国人》一文，哀叹：“胶州亡矣！山东亡矣！国不国矣！此噩耗前两日仆即闻之，今得梁任公电乃证实”，“亡国无日，愿合四万万民众，誓死图之！”

北京的青年学生感于亡国的危险迫在眉睫，纷纷走上街头，由是引发了轰轰烈烈的五四爱国运动。

在巴黎，旅法的华侨华人组织了“和平促进会”，反对中国代表在和约上签字。中国代表顾维钧、王正廷也反对签字。北京政府屈服于日本的淫威，竟向中国代表团发出签字的训令，但首席代表、外长陆征祥慑于舆论的压力，最后未敢前去署名。这标志拒签和约的群众运动取得了胜利。

游历欧洲大陆

梁启超的欧洲之行，是他晚年的一项大事。1918 年 12 月 23 日，梁从天津起程前往上海，本来拟定与丁文江、徐新六、蒋百里、刘子楷、张君劢、杨鼎甫等六人同行，但船的位置不够，于是决定丁、徐二人向东经美洲去欧洲，梁启超则和其余四人向西经印度洋、地中海前往欧洲。12 月 28 日，梁启超一行自上海乘日轮“横滨丸”出发，开始了漫漫的海上航行。

为了打发在船上的时光，梁等人在船上的学习和生活安排得很丰富，也很有规律。梁启超在《欧游心影录》中，详细记述了旅欧途中的生活和学习情况：“我们在船上好像学生旅行，通英文的学法文，通法文的学英文，每朝八点钟，各人抱一本书，在船面高声朗诵，到十二点止，彼此交换着当教习。别的功课照例是散三趟步，睡一趟午觉，打三两趟球，我和百里还每日下三盘棋。余外的日子，都是各人自由行动了。我就趁空做几篇文章，预备翻译出来，在巴黎鼓吹舆论。”

1919 年 1 月 14 日，船抵锡兰。21 日，进入红海。经过七天航行，轮船通过闻名遐迩的苏伊士运河。进入地中海，航行七天后到达直布罗陀海峡。2 月 11 日，进入伦敦港，已到英的丁、徐二人偕使馆人员乘小轮前来迎接。

2 月 18 日，梁启超抵巴黎，待了两个星期，观察巴黎和会的情况，并为废除不平等条约大声疾呼。3 月 6 日开始，梁四处考察一战的战场。到达兰士。这次世界大战中，两次马仑战役，两次被敌军占领，兰士受到的破坏很严重，所到之处，见到的是一堆堆瓦砾，房屋十有九只剩下半截废墙。3 月 7 日前往凡尔登。3 月 12 日前往参观莱茵河右岸联军驻防地。4 月再次前往考察西欧北部战场。5 月中旬返回巴黎。6 月 6 日，前往英国，次日到达伦敦。在英期间，游览了爱丁堡，参观了剑桥大学、牛津大学和莎士比亚故居等。19 日赴中英协会欢迎会，做了题为《中国国民特性》的演说。20 日赴伦敦商会欢迎会，又做了题为《中国关税问题》的演说。7 月 12 日又返回巴黎。18 日出发游览比利时，8 月 1 日前往荷兰海牙。9 月 11 日前往意大利。12 月 12 日晚抵柏林。因沿途饮食店均关闭，15 个小时中，仅以饼干一片充饥，略尝战败国的味道。此时徐新六收到家信，得知夫人病重，归心似箭，梁一行人只得一起提前回国。1920 年 1 月 17 日由巴黎起程。23 日由马赛返国，3 月 5 日到达上海，结束一年多的游欧生活。

在欧洲，一战造成的后果令梁启超等触目惊心。第一次到英国首都伦敦，梁等就感受到战争的巨大破坏：在上等旅馆里也没有暖气供应，电灯的光亮有如流萤般昏暗，自来水管也成了摆设，根本没有自来水供应，想吸烟找不到火柴，就连糖块也成了稀罕的物件而难以弄到。梁启超说："看来崇拜物质文明的旧观念会有所改变。"梁错误地把战争造成的巨大破坏，看成物质文明带来的恶果。再看城市也令人伤心，经过炮火轰击的城市到处是断壁残垣，满目疮痍，遍地瓦砾，许多古建筑都受到了很大的毁坏，战场上随处可见丢弃的钢盔、军服和武器。在号称"绞肉机"的凡尔登，梁感觉到惊心动魄，即使他那常带感情的笔，也无法形容凡尔登遭受巨大涂炭后的惨状。梁喟叹道："反觉得自然界的暴力，远不及人类。野蛮人的暴力，又远不及文明人哩。"由此，他认为老子所说的"圣人不死，大盗不止"，还是蛮有道理的。梁将大战爆发的原因归结到科学上，对“科学万能”论不再执迷。

经过这趟漫长的欧洲之行，梁启超重新看到了中国文化复兴的希望。经过这惨绝人寰的世界大战，欧洲人的精神信仰受到极大的打击，人文学者们开始对基督教文明产生怀疑，“世界末日说”一时甚嚣尘上。德国哲学家施本格勒出版了《西方的没落》，他主张用东方文明来拯救西方文明，这种思潮石破天惊，给西方思想界以极大的震撼。美国记者赛蒙也持相似的论调：“唉，可怜，西洋文明已经破产了。我回去就关起大门，等你们中国文明输进来救援我们。”经西方人的现身说法，梁启超对中国文化的发扬光大也燃起了希望。

梁启超归国后，国人热切盼望梁将游欧的心得贡献出来，让国人得以分享。梁也不负众望，很快将欧游记录心得整理出来，出版了《欧游心影录》一书，阐明了自己游欧的心得体会，提出如何对待中国文化和西方文化这一大问题，只不过这回梁的结论并未为大多数人所接受。

梁启超给人们的答案是：“科学万能论”已经破产。这是梁启超在《欧游心影录》的首篇所揭橥的观点，他认为一战的残酷说明如果过于推重物质文明，会带来无穷的恶果。科学的发展，使过去人们精神世界倚重的宗教和哲学不再具有威力，人们因过分追求物质生活的安逸而导致精神空虚，人与人之间会无情争斗。梁这个向西方学习的先锋对人们菲薄中国文化开始感到不安了，他开始看重中国文化的灿烂和深邃，他认为中国文化与世界各国文化相比并无逊色，完全可以比肩。西方文明固然有许多可贵的进步和优点，但完全没有必要否定中国传统文化的价值，不可盲目崇拜西方。

一战造成的欧洲破败景象使梁启超对中国文化的信心大增，对用中国文化来拯救西方文化开始有些信心了。他自信地说：“近年来西洋学者，许多想输入些东方文明，令他们得些调剂。我仔细想来，我们实在是有这个资格的。”

当然，梁说“科学万能论”破产并非说明他相信西方文明已经全盘破产了，也不是不再要科学了。他在《欧游心影录》中对科学破产论是这样写的：“欧战前的一百年间，是科学全盛的时代，人们相信科学是万能的，只要科学成功，黄金世界便指日可待。如今科学虽然成功了，一百年物质的进步，比前三百年的所得还要多几倍，但人类不仅没有从中享受到任何幸福，相反得到的是许多灾难。”欧洲人“好像沙漠中失路的旅人，远远望见个大黑影，拼命往前赶，以为靠他向导，哪知赶上几程，影子却不见了，因此无限凄惶失望。影子是谁？就是这位‘科学先生’。欧洲人做了一场科学万能的大梦，到如今却叫起科学破产来”。梁借西方人的口说出科学破产，并不是因他对科学抱有偏见，他反对的是把科学用到杀人中去，使人类不仅没有得到幸福，反带来许多灾难。这和诺贝尔的想法真是不谋而合。他在那段科学破灭的话之后，为了避免人们的误解，特意加上了一个注释：“读者切勿误会因此菲薄科学，我绝不承认科学破产，不过也不承认科学万能罢了。”梁对科学的拥护态度是一以贯之的，他宁可牺牲自己的生命，也不愿意让人们对作为科学一部分的西医加以责难。他仍然对崇尚科学的欧洲的前景具有信心，他认为，欧洲的文明“是建设在大多数人心理上，好像盖房子从地脚修起，打了个很结实的桩儿，任凭暴风疾雨，是不会动摇的”。他并不主张将西方文明全盘除去，他主张“拿西洋文明来扩充我的文明，又拿我的文明去补助西洋文明”。梁启超此时对东西文化的态度是将二者融合起来。

自鸦片战争以来，中国文化受到了空前的挑战，在与西方文化的对垒中步步后退，梁的这种反思实际上是对以儒家学说为代表的东方文化的一次保卫，自然会赢得文化保守主义的赞扬，而为自由主义所反对。自由主义者对中西文化调和论是不领情的，也是不妥协的，这为以后的科玄论战埋下了种因。

1923 年 2 月 14 日，随同梁启超游欧的张君劢到清华大学做了一场关于人生观的讲演。在讲演中，张对科学的功用和价值提出了怀疑和挑战。张君劢浓厚的新儒学思想倾向引起了科学派的反弹。4 月 12 日，地质学家丁文江发表《玄学与科学》，向张君劢发难。张君劢认为科学无论如何发达，都解决不了人生观的问题，人们应从中国传统文化中寻找人生观的解决办法。丁文江则认为人生观也可以用科学来解决，人生观是受科学方法制约的，批评张君劢被“玄学鬼”迷住了。张丁之间的论争引起了思想界广泛的兴趣，当时几乎所有学术界和思想界的名流都被卷入这场论战中，持续了近一年之久。

可以说，这场论战因梁而起，梁不能置身事外，袖手旁观。为了规范论战，梁启超发表了《关于玄学科学论战之“战时国际公法”》，提出论战的两条基本规则：第一，希望问题集中于一点，而且针锋相对，剪除枝叶；第二，希望措辞庄重恳挚，万不可有嘲笑或谩骂语。梁也表明了他对论战的态度，一方面反对科学万能，但同时申言人生问题大部分是可以而且必要用科学方法来解决的。

梁启超等人对科学的挑战，是一种理性的反思，但从东西方文化对立的角度看，梁被贴上了“替反科学的势力助长了不少威风”的标签，使梁启超的社会影响力受到了削弱。

作为一名思想者，梁启超始终无法自外于政治。从欧洲归国后，梁倡导过国民运动，还积极地推动联省自治运动，提出成立省议会，制定省宪法，建立联邦制的国家。有意思的是，联省自治得到了知识分子和封建军阀两派势力的欢迎。当然，两者的初衷是不一样的，无力外侵的军阀希望以自治之名保住地盘，割据一方；知识分子希望在南北暂时势均力敌的状态下，由各地推行民主制，建设一个民主的联邦共和国。通过军阀来实现省自治，只能与广大知识分子的设想南辕北辙。

1920 年 7 月，湖南打响了省自治的第一炮，湘军总司令谭延闿通电宣布“湘人治湘”，实行省自治。作为宪政专家，梁启超又被请了出来。他应湖南督军赵恒惕的请求，起草了《湖南自治大纲草案》。随后，贵州、四川、浙江、广西等地也制定了省宪法，联省自治搞了起来，但这种自治，只能是军阀自保的护符，与实现真正的民主制是不搭界的。梁启超也醒悟了过来，从运动中抽身而退了，这个运动不久也就烟消云散了。

溘然长逝

梁启超向来身体健壮，精力过人。但到了 1918 年 8 至 9 月间，他已患上呕血病，当时只有四十五岁。从此以后，病痛连绵不断，健康每况愈下。

文人有的不良习惯，梁启超身上都有。他的睡眠不好，常常因在床上想政治问题、学术问题、儿女问题而辗转难眠。即使这样也是很难得，他上床睡觉的时间很少，每日晨六时前必起，十一时就寝已是很不错了。一旦埋头著书，则昼夜不分，通宵达旦，彻夜不眠。熬夜对梁的伤害甚大，对他的肾危害尤大。梁的拼命，朋友们看在眼里很是心疼。1922 年 11 月，好友张君劢强制要他休息，张说：“铁石人也不能如此做。”

梁启超也有边写作边吸烟的习惯，他每天要抽掉五十支香烟。虽说有时烟是思考时夹在手指上燃掉的，但吸掉的也不少。而且吸烟的习惯一直未能戒掉。梁为人豪爽，喜好饮酒，经常大醉而归。他还喜欢打牌，高兴时没日没夜地打。

再好的身体也经不住这样折腾。1923 年初，法国医生确诊梁患有心脏病，要他少说话，讲演不能超过一个小时，要多休息，多睡觉。但他对医生的劝告置若罔闻，生活还是老样子，致使病情反反复复，越来越重。

在梁启超的身体越来越糟糕的时候，至亲好友接二连三地离世，给他以极大的打击。1923 年 4 月，挚友夏曾佑因病去世，梁启超悲伤不已，连连哀叹。这还不算，9 月 13 日（农历中秋节），与梁启超相濡以沫的发妻李蕙仙因乳腺癌复发离开了人世。1925 年 11 月，郭松林起兵反奉，同志、亲家林长民加入郭幕，梁启超屡劝无效，后林被流弹击中身亡。林遇难后，遗骸被焚，竟无尸下葬，令梁悲戚，难以释怀。

从此梁启超尿血不止，不得不于 1926 年 2 月 15 日入北京德国医院治疗，经检查原来怀疑的膀胱没有问题。3 月 8 日，转入协和医院继续治疗。16 日，医生将他的右肾割去，但仍未查出病因，血尿现象继续存在。

事后证明，这次手术是一起医疗事故，功能正常的右肾被切除，不正常的左肾仍留在体内。此事梁当时即已知道，好友伍连德探听到，手术是协和孟浪了，割掉的右肾，并没有丝毫病态，协和已承认了。但梁启超考虑到当时西医刚进中国，并考虑到协和当时作为国内西医权威的声誉，不但没有声张，反而于 6 月 4 日在《晨报》副刊上发表《我的病和协和医院》一文，详细叙述了此次手术的经过，替协和的治疗辩解，肯定协和的医疗是有效的，称自己的病“比未受手术以前的确好了许多”。

对于手术善后问题，伍向梁启超提出很严重的警告。他说割掉一个肾，情节很是重大，必须俟左肾慢慢生长，长到能完全兼代右肾的功能，才算复原。可是梁启超并没有真正按照伍连德的话去办，没有去小心翼翼地保护已呈病态的左肾。

梁启超的社会活动又纷至沓来。1926 年 4 月中旬，就任北京图书馆馆长，为开馆事宜奔波。为培育司法人才，为废除治外法权做准备，梁又接受了司法部的任命，出任司法储才馆馆长。他是笔头闲不住的人，只要有时间就夜以继日地写作。

1927 年 3 月 31 日，康有为逝世于青岛。尽管康梁在政治上早已分道扬镳，但康的去世，梁还是伤感的。当得知康有为身后十分萧条，赶紧电汇几百块钱去，才为康草草成殓。梁启超随后撰写了《公祭康南海先生文》和一副挽联。

经过这一番忙碌，梁启超的病情又加重了，1927 年 6 月，他承认，一个月来旧病复发得颇厉害。1928 年初，又住进医院三个星期。医生为他输了血，以弥补在血尿中流失的血。

梁启超对自己的病，一直是一种不太在乎的态度，写作是他的第一爱好和人生乐趣，永远是放在第一位的。在病情日益加重之际，他对南宋词人辛弃疾产生了浓厚的兴趣。弄到辛弃疾的生平材料后，从 1928 年 9 月上旬开始，梁启超心无旁骛地开始了《辛稼轩先生年谱》的编写工作。9 月 24 日，编至辛的五十二岁。当晚痔疮大作，不能入眠，坚持至第三日，已无法继续写作，不得不于 27 日入京就诊。10 月 5 日，返回天津家中，卧床休息两天后，又继续编写，抄下《祭朱晦庵文》，该文最后四句是："所不朽者，垂万世名，孰谓公死，凛凛犹生。"这成为梁启超的绝笔，也一语成谶。11 月 27 日，弟弟梁启勋陪他入协和医院。1929 年 1 月 19 日，梁启超病逝于协和医院，享年五十六岁。

梁病逝后，虽因他生前与国民党有过节而未得国民政府的明令褒扬，但北平、上海两地文化界和军政界的要人同时于 2 月 17 日为他举行追悼会，祭帐和挽联布满祭堂，痛悼这位对国家、民族作出卓越贡献的伟大思想家。

追悼会后，梁启超的灵柩葬于北京西山卧佛寺东的梁氏墓地，与四年前病故的夫人李蕙仙合葬，从此，一代英杰就长眠于此了。

第 5 章

梁启超的政治思想

梁启超一生著述宏富，他公开发表的文字后结集为《饮冰室合集》，共计一百四十八卷，达一千余万字。再加上他的其他著述，合计一千四百余万字。我们知道梁启超不但坐而述，更是起而行，他进入青年后，在将近三十六年的时间里以极大的精力投入政治活动，这占用了他大量宝贵的时间。即使终年繁忙，他写作之勤、之快也十分令人惊奇，每年的著述平均达三十九万字之多，他的勤奋令人感佩。

梁启超思想活跃，学术研究所涉猎范围极为广泛，可谓学贯中西、囊括古今，在政治、经济、历史、思想、法律等领域均有建树，其中以历史学研究成绩最著。

"夫变者，古今之公理也"

梁启超的政治思想集中在戊戌变法和清末民初两个阶段。在变法时期，他发表了七十余篇文章，系统地阐发了他的维新变法思想。

梁启超主张维新变法，是因为他看到了中国有亡国灭种的危险。尤其是到了义和团运动的前夕，帝国主义列强掀起了瓜分中国的狂潮，他惊呼中国“将为土崩，将为瓦解，将为豆剖，将为瓜分，将为鱼烂，将为波兰，将为印度，将为安南，将为缅甸”，情势真是危险到了极点。

在强邻环伺的险境下，梁启超看到的清政府是这样一番景象：“官制不善，习非所用，用非所习，委权胥吏，百弊猬起。一官数人，一人数官，牵制推诿，一事不举。保奖蒙混，鬻爵充塞，朝为市侩，夕登显秩。宦途壅滞，候补窘悴，非钻营奔竞，不能疗饥。俸廉微薄，供亿繁浩，非贪污恶鄙，无以自给。限年绳格，虽有奇才，不能特达，必俟其筋力既衰，暮气将深，始任以事，故肉食盈廷，而乏才为患。”官员为行尸走肉，官场暮气沉沉，对外割地赔款在当政者的心里竟激不起一点进取的涟漪。中国在列强的欺凌下竟无还手之力，原因就在于当政者没有作为，因为在梁启超看来，“物必自腐而后虫生”，“国必自伐，然后人伐之”。

那么，风雨飘摇的国家还有没有救呢？对此，梁启超是有信心的，他认为，只要中国人变法图强，中国不但能摆脱亡国灭种的险境，还能奋起直追，以崭新的面目自立于世界民族之林。进化论成了梁启超宣传维新变法的理论武器。

达尔文的进化论引入中国后，维新变法的宣扬者们将其从生物界扩大到了人类社会。梁启超指出，世界当今万事万物都处在变动当中，变给自然界和人类社会带来了勃勃生机。他宣称：“夫变者，古今之公理也。”梁启超说人类社会也是不断发展变化的。他将达尔文的学说和中国古老的《易经》联系起来，宣扬变是转危为安的灵丹妙药，“穷则变，变则通，通则久”。他打比方说，夜里不点蜡烛就看不见东西，冬天不穿皮衣服就会寒冷，过河的时候乘坐陆地上通行的车就会危险，得了新病还用老药方就会死掉。他得出结论：“法者，天下之公器也；变者，天下之公理也。”变是不以人的意志为转移的，想变会变，不变也得变。顺应变化而主动地去变，变的主导权就操在自己的手里，就可以保国、保种、保教。不想变而被动地去变，变的主导权就会操在别人的手里，就会受到束缚。

既然人类社会是变化的，那么，从古到今的变化有没有规律呢？梁启超认为人类社会的演进过程古今中外都差不多，而且会越变越好。1897 年，他写了一篇名为《论君政民政相嬗之理》的文章，发挥了康有为的“张三世”的理论，认为人类社会的递进有三个阶段。最早的一个阶段叫多君为政之世，第二个阶段叫一君为政之世，第三个阶段叫民为政之世。第一个阶段又可分为前后两个时期，前一时期叫酋长之世，后一时期叫封建及世卿之世。第二个阶段又可分为前后两个时期，前一时期叫君主之世，后一时期叫君民共主之世。最后一个阶段也可分为前后两个时期，前一时期叫有总统之世，后一时期叫无总统之世。多君的阶段是据乱世之政，一君的阶段是升平世之政，民政是太平世之政。这是一种“三世六别”的划分方法。梁启超细化了康有为所说的乱世、升平世到太平世的人类社会的递进过程。

人类社会怎样向前进化才能到民为政之世呢？梁启超认为必须兴民权。他在《论湖南应办之事》中称：“今日策中国者，必曰兴民权。”中国落到这般田地，是长期的封建统治造成的。自秦到明差不多有两千年，法禁日益严密，政教则日益毁灭；君权日益尊崇，而国威则日益贬损。梁启超对封建官僚制度进行了不客气的批评，认为“士气所以萎靡不振，国势所以衰，罔不由是”，“君权日益尊，民权日益衰，为中国致弱之根源”。跟君权与民权对立相反，梁启超将民权与国权联系了起来，认为民权是国权的基础，“民权兴则国权立，民权灭则国权亡”。

申民权的目的是使“人人有自主之权”，每个人都承担相应的权利和义务。要达到这一点，需要做到“以群术治群”。

将其落到实处，就是设立议院。梁启超认为这是国家得以强盛的必由之路，“问泰西各国何以强？曰：议院哉！议院哉！”以“独术治群”的中国当然打不过以“群术治群”的泰西各国。君权一旦与民权结合，情势就容易通达；立法权与行政权分离，事情就容易办成。

梁启超深知在中国提倡设议院是一种惊世骇俗的理论，为此，他专门写了一篇《古议院考》，在中国古籍中煞费苦心地找出材料来论证，在春秋战国和秦汉时期，中国虽无议院之名，实有议院之体。他说，《礼记》中“民之所好好之，民之所恶恶之，此之谓民之父母”的说法，就可视之为议会思想。《孟子》中“国人皆曰贤，然后察之；国人皆曰不可，然后察之；国人皆曰杀，然后杀之”的说辞，也是一种议会的思想。战国、汉代乃至清入关前，都能找到议院的雏形。梁启超这样说，颇有牵强附会的意味，他自己何尝不知道这一点，他这是在“托古改制”，借以减轻设议院的阻力，这也是康梁一再使用的办法。

申民权的前提是开民智。梁启超说：“言自强，于今日以开民智为第一义。”他提出“权生于智”的论断，将具有智慧与享有权利联系起来。他认为，有一分的智慧，就享有一分的权利；有六七分的智慧，就享有六七分的权利；有十分的智慧，即享有十分的权利。这容不得一丝一毫的虚假。所以一个国家要自立，就必须使这个国家人民的智慧足以治一国的事情。当时的中国，最大的祸患在于民智不开。民智不开，人才就不足，即使人们获得了权利，也不可能守得住。士气似乎可以用，地利似乎可以倚仗，然而假使不通公理公法、政治学说，就是有成千上万的忠义之士，也免不了成为奴隶。

中国民智未开，与统治者长期的愚民政策是分不开的，因为过去的统治者唯恐人们获得权利，于是千方百计地阻塞民智。韩非子首倡愚民术，秦用汉从，后世帝王相沿成习，奉为宝典。秦始皇焚书坑儒，明太祖设制艺之科，遥相呼应，都是出于愚弄百姓的心理。

梁启超认为，要开民智，首先要先开风气，广国人的见识。他指出，只有这样，才能破除民众的愚谬之处，与之反复讲明政治、法律起作用的道理，讲明国家因何而强大，因何而衰弱；民众因何而睿智，因何而愚顽，使其恍然大悟，中国的种种旧习必定不可以立国。然后向他们传授东西方的各种书籍，使其知道维新与国有功；再传授海内外各种讲解公法的书籍，使其明了公理的可贵；再将古籍的精华整理出来，使其明了各学派的流别。

欲开民智，还要开绅智。梁启超说："欲兴民权，宜先兴绅权；欲兴绅权，宜以学会为之起点。"士绅是中国传统社会的一个特殊的阶层，他们上连官府，下近百姓，起着上通下达的作用。但当时的士绅也有很多的缺点，对外界不了解，又不通西学，参政意识淡漠，不知地方公事为何物。如果骤然给予他们参政、议政的权利，就像给吃奶的婴儿碗筷一样，他们会茫然不知所措。对他们加以训练的办法是办学会，"今欲振中国，在广人才，欲广人才，在兴学会"。在学会中，既可以开发心智，又可以磨砺政治。

光开民智、绅智还不行，还要开官智。官吏握有行政权，影响的范围很大，如果他们的智力打开，许多人就会跟随，事情就好办了；如果他们懵懂无知，不仅开明者会受到压制，而且很多事会办得一团糟。"官贪则不能望之爱民，官愚则不能望之以治事。"清廷的吏治恰恰是败坏的，非贪即愚，昏昏然如醉汉一般。为了改变这种状况，梁启超提出对旧有的官吏要进行培训，提高他们的中外文化知识水平，增强他们为民办事的能力。

对于开“女智”，即开发女子的智慧，梁启超也极为重视。他认为当时国人对妇女有两种不正确的态度，一是充服役，二是供玩好。持前一种态度，就会待之如犬马，持后一种态度，就会待之如花鸟。女子缠足就是男子为了“玩好”，因此梁启超对女子缠足深恶痛绝，遂有不缠足会的设立。对于封建社会宣扬的“女子无才便是德”，梁启超也极为反感，他认为让女子不识一字，不读一书，把这作为贤淑的标准，是祸害天下的做法。女子不读书，对外界事物一无所闻，就会成天争执于家事，造成家庭不和。不但如此，女子还担负着教育子女的重任，母亲没有文化，对孩子的成长是极为不利的。在梁启超看来，“治天下之本二，曰正人心，广人才。而二者之本，必自蒙养始，蒙养之本，必自妇学始，故妇学实天下存亡强弱之大原也”。因此，梁启超大力提倡设立女学，认为受过教育的女性“上可相夫，下可教子，近可宜家，远可善种，妇道既昌，千室良善”，是关系千家万户的大事。

梁启超还认为科举制度是中国民智难开、人才匮乏的重要原因。他说科举行之千年，使人不识古今，不知五洲，有的人中举后，还不知道范仲淹是谁，“三通”“四史”是什么文章。他很赞同顾炎武八股之祸甚于焚书坑儒的说法。要改变人才缺乏的状况，只有变科举，兴学堂。他大声疾呼：“欲兴学校，养人才，以强中国，唯变科举为第一义。”

对于变科举，梁启超提出上中下三策。上策是合科举于学校。从北京到各州县，设立大学、小学。选优异的大学生出国留学。中策是在帖括科之外，再多设科目，如明算、明字、明法、绝域、通体、技艺、学究、明医、兵法等。下策是取士之法不变，取士之内容做变更。童子试要考经古，经古要考中外政治得失、时务要事、算法格致等艺学。乡会试要三场并重，第一场试四书五经文试帖各一首，第二场试中外史学三首，第三场试天算、地舆、声光、化电、农矿、商兵等专门。

"欲维新吾国，当先维新吾民"

在清末民初，梁启超提出了他影响深远的新民思想。

1901 年末，梁启超主持的《清议报》因发生火灾而停刊。《清议报》虽给梁启超带来巨大声望，但他却没有将《清议报》恢复的打算，他于 1902 年 2 月另起炉灶，创办了《新民丛报》。创刊号连载了他撰写的《新民说》的前三节，年内先后登载十五节，至 1906 年 1 月 7 日登载完毕，共二十节，十多万字。后收在《饮冰室合集》的"专集"中。在登载《新民说》时，他启用了一个新的笔名"中国之新民"。显而易见，梁启超这一时期不再满足于"清议"，而要将"新民"作为宣传重点。之所以将"新民"定为宣传的着眼点，梁有明白的说明："欲维新吾国，当先维新吾民。"

梁启超揭櫫这一论断虽是在 1902 年 2 月，但这一思想在 1901 年即已初露端倪。这年夏天，他发表了《中国积弱溯源论》。这篇文章撰写于义和团运动失败后不久。梁看到了这一运动愚昧落后的一面，痛感"国民腐败"的问题更为严重了。有鉴于此，他开始探索中国积弱的病源。他认为，要想拯救、改造中国，必先对中国的病源有正确的认识，不察中国所以致弱的原因，就不能够找到中国得以拯救的道路。正确地诊断出中国的病源，是改造中国的第一步。在这篇两万余字的长文中，梁启超从四个方面分析了中国致弱的根源。

第一，从思想方面找中国致弱的原因，即中国人长期以来所形成的种种错误观念，梁认为其中最突出的根源是中国人的爱国心薄弱。中国人爱国心薄弱，是由于"公德"的缺乏。中国国民性的最大弱点是公德心淡漠，与西方以团体精神为追求的民族特性相比，中国的德育中心是“束身寡过主义”，漠然于国家大事。传统的中国道德伦理造成民众对公共事务和公共利益漠不关心，“范围即日趋缩小，其间有言论行事，出此范围外，欲为本群本国之公利公益有所尽力者，彼曲士贱儒，动辄援不在其位，不谋其政等偏义以非笑之、排挤之，谬种流传，习非胜是，而国民益不复知公德为何物”。梁启超认为，缺乏公德心，国人也就不具近代国民的资格。对于一个国家来说，“缺此资格，则绝无可以自立于天壤”。所以，中国最急需的是公德或民德。

第二，从风俗方面找中国致弱的原因，即中国人长期以来所形成的种种不良的人心风俗，他认为其中最为突出的是“奴性”“愚昧”“为我”“好伪”“怯懦”“无动”等六种恶劣的风俗。尤其是其奴隶性，“中国数千年之腐败，其祸及于今日，推其大源，皆必自奴隶性来”。中国人德行风貌的劣点有爱国心薄弱、独立性柔脆、公共心缺乏、自治力欠缺等，都根源于普遍的奴隶性，它造成国人丧失自主精神，形成依附人格以及谄媚、巧伪、骄下等恶德。欲新民、改造国民性，首先就必须剪除奴隶根性，“若有欲求真正自由者乎，其必自除心中之奴隶始”。

第三，从政治制度方面找中国致弱的原因，即长期以来的封建专制制度及君主为防范臣民而采取的种种统治手段。

第四，从近代历史方面找中国致弱的原因，即二百余年来清朝统治政策的诸多失误，特别是三十年来慈禧太后的反动统治。他得出的结论是，中国积弱的缘故，其最大的总因在全体国民身上，其重大的分因在慈禧太后一人，其远因在数千年之上，其近因在二百年以来，而最近的原因又在慈禧太后柄政的三十年之间。梁启超相当全面地点到了中国致弱的原因，但他将中国全体民众的种种弱点、劣点定为中国积弱的重大总因。

他强调官吏由民间产生，就好像果实从根干中长出。树如果甘甜，它的果实也一定甘甜；树如果苦涩，它的果实也一定苦涩。如果中国的国民都是优良的国民，从中选出人来做官吏，那他必定是优良的官吏；如果中国的国民是恶劣的国民，从中选出人来做官吏，那他必定是恶劣的官吏，是人民的素质造就了政府的性质。他说："政府何自成？官吏何自出？斯岂非来自民间耶！"这正是所谓的"种瓜得瓜，种豆得豆"，国家的灭亡，不是当政的那些人能使它灭亡，是国民使它灭亡而已。

如果说《中国积弱溯源论》是梁启超在给衰弱不堪的中国诊病，那么《新民说》就是在给中国开出一剂良药，这剂药方即是"新民"。梁启超疾呼："新民为今日中国第一急务"，"舍此一事，别无善图"。

梁启超在这一时期构建新民说不是偶然的。他出逃日本后，阅读了大量的西方著作，仅在1902年，他在阅读了日文的著作后，即写了多篇介绍西人学说的文章，如《亚里士多德之政治学说》《进化论革命者颉德之政治学说》《乐利主义泰斗边沁之学说》《近世文明初祖达尔文之学说》《论泰西学术思想变迁之大势》等。在阅读了西方著作之后，梁启超的思想发生了很大变化，他后来描述了他到日本后如饥似渴地阅读西方著作的情形："自东居以来，广搜日本书而读之。若行山阴道上，应接不暇，脑质为之改易，思想言论与前者若出两人。"日本移译的西方著作给予了他新的思想武器。

新民说的来源有卢梭的国家学说、达尔文的进化论和斯宾塞的"社会有机体"论。梁启超到日本后，接触到了卢梭的国家学说和天赋人权理论，认为这是最适用于中国的学说。他曾撰文阐释卢梭的国家起源论、主权在民说和平等、自由等。严复引进中国的进化论也深刻地影响了梁启超。进化论认为，物竞天择，优胜劣汰，也是人类社会的发展规律，民族要生存，必须不断提高国人的素质。社会有机体论就是以生物学来解释社会，将社会视同为生物机体。一群一国的成立，它的体用功能，与生物体没有什么两样。同生物机体的性质取决于细胞的性质一样，社会群体的性质也是由社会成员的性质所决定的。整体、群体的性质和特征，是由分子、个体的性质和特征所决定的，所以国与民密切相关。他说："国也者，积民而成。国之有民，犹身之有四肢、五脏、筋脉、血轮也。未有四肢已断，五脏已瘵，筋脉已伤，血轮已涸，而身犹能存者，则亦未有其民愚陋、怯弱、涣散、混浊，而国犹能立者。"他由此得出结论，民弱，国家就弱；民强，国家就强盛，两者如影随形，丝毫不容假借。一个国家的贫富、强弱、治乱，完全取决于这个国家民众德、智、体三方面的素质。西方富强、中国贫弱，就是由于这方面差距太大造成的。中国要想在激烈的生存竞争中图存振兴，就必须立即着手"鼓民力，开民智，新民德"，这才是根本的治本之策，舍弃这些做别的，只是治标而已，最终不会有什么结果。

梁启超指出，中国当时的状况是内忧外患，积贫积弱，国民素质低下，按照达尔文的进化论学说，中国必将被世界征服而亡国。要改变这种危急的情况，就要进行国民性改造，提高国民素质，吸收西方文明来改造中国落后的传统，使之适应时代发展的要求。他认为："新民云者，非欲吾民尽弃其旧以从人也。新之义有二：一曰淬厉其所本有而新之，二曰采补其所本无而新之，二者缺一，时乃无功。"他认为是中国一部分所固有的品质如私德需"厉而新之"，缺乏的部分如公德要从西方移植。

在梁启超所说的新民中，道德的地位要高于智力、体力的地位。他认为，"我国民所最缺者，公德其一端也"，如果中国人知道有公德，新道德就会出现了，新民就会造就了。所以他特别强调“新道德”，力图在中国掀起道德革命。他认为，在国人德智体三项基本素质中，德最重要。民德的高下，关乎国家的生死存亡。而且，在这三者中，智力和体力的养成很容易，唯独新道德的养成最难。因此，他将新民德置于新民学说的中心地位，将道德建设视为人的现代化的中心环节。

梁启超认为，新民德的首要任务是剪除中国人的劣根性。为此，他将中国人德行方面的缺点作了不留情面的揭示，指出中国国民有四大缺点：有族民资格而无市民资格，有村落思想而无国家思想，只能受专制不能享自由，无高尚的目的。又有四大弱点：爱国心的薄弱、独立性的柔弱、公共心的缺乏、自治力的欠缺。再加上愚陋、怯懦、涣散、混沌，如偻奴，如散鸭，互斗、内耗，四亿人于是陷入相责相望之中，这样怎么能立国呢？

在这些缺点中，最突出的表现是爱国心薄弱，而其根源则是长期普遍地存在于中国人中的奴隶性。他指出，奴隶性使人无政治热情，无责任、义务感，对国家民族、社会群体的公共事务一概冷漠，造成一种可怕的消极性。它又使人自轻自贱，丧失独立自主精神，造成严重的依附性。同时，它还使人养成谄媚、巧伪、骄下诸恶德。他把奴性分为两种：一种是“身奴”，指人被迫屈从于外在权威；另一种是“心奴”，指的是自我麻痹、盲目依从，成为古人、世俗、境遇和情欲的奴隶。他认为，“心奴”比“身奴”更可怕、更可悲，因为“身奴”可以借助外力来获得解放，而“心奴”借助外力则难以解脱。要获得真正的自由，必须从除去心中的奴隶性开始。

他认为中国人私德堕落的原因有：一，封建专制政体的陶铸；二，近代霸者的摧锄；三，屡次战败的摧沮；四，生计憔悴的逼迫；五，学术匡救的无力。他认识到封建专制制度是造成国民性弱点的根源，指出君权日益尊崇，民权日益衰微，是中国致弱的根源。面对日益严重的民族危机，要拯救民族危亡，必须申张民权，用民权取代君权。

在对旧道德作了无情的批判后，梁启超提出要建设新道德。他将道德划分为公德和私德，私德是指人人独善其身，公德是指人人相善其群，二者都是人生中所不可缺少的。无私德则不能自立，无公德则不能团结。中国的旧道德是十分发达的，但是偏重于私德，所缺的是公德。公德是利群利国的道理，以“利群”二字为纲，以求巩固、改良我们的族群。促进族群发展的方法，是以热诚之心爱群、爱真理。他认为改造国民性，铸造新国民，既要培养国民的公德，又必须培养个人的私德。培养私德，他强调自我修养：立志，知本，存养，省克，正本，慎独，谨小。结合公德、私德，梁启超提出了相反相成的五对德性：独立与合群，自由与制裁，自信与虚心，利己与爱他，破坏与成立。他强调“知有合群之独立”，“知有制裁之自由”，“知有虚心之自信”，“知有爱他之利己”，“知有成立之破坏”，要使道德进步，既要破坏，也要建设。他主张输入新道德，破除旧道德中不合于当今世界的部分。

他认为，新民最重要的标志是要有国家思想，国家思想在国民性改造中应该居于核心地位。梁启超国家观念的形成始于甲午战后。在 1897 年的《说群》一文中，他提出“群”的概念，已隐含合中国人成一政治实体的思想。1898 年，梁启超呼吁海外的中国商人将自身组织成一个具有凝聚力的商会时，再次提出“群”的概念，“群”具有组织公民社团的含义。流亡日本后的梁启超国家的观念日益突出，“群”已明确地指民族国家思想，他开始悖离康有为的“三世”理论。这时梁启超的国家思想有四层含义：一是对于一身而知有国家，二是对于朝廷而知有国家，三是对于外族而知有国家，四是对于世界而知有国家。以上四者，所宣传的主要是当时世界颇为盛行的民族主义、国家主义，特别是他所一再提倡的爱国主义。

除国家思想外，健全的权利和义务观念也是极为重要的。梁启超指出，由于封建专制制度长期的压制，中国人被统治得越来越驯服，权利的观念则被冲刷得越来越淡薄，人民对无权的奴隶地位习以为常。因此，要培养国民意识，当务之急是树立中国人的权利思想。但是，“人人生而有应得之权利，即人人生而有应尽之义务，二者其量适相均”，因此在培养权利思想的同时，还必须树立国民的义务观念，正确处理好二者的关系。对于一个人，要意识到除个人之外，更为重要的是国家，只关注个人的事情，则不能称之有国家思想。朝廷并不能代表国家，“朕即国家”、国家是“一家之私产”等观念是错误的，要求人民将朝廷与国家区分开来，做到真正爱国。世界上存在着许多国家，而国家之间又相互冲突，只有区别其他国家，才能有国家意识的产生。提出世界、国家的分别，国家之间是存在着激烈的竞争的，如果只知有世界而不知有国家，那么竞争一旦停止，文明进步就会立即停止。

新道德还要求人们正确处理好群己、公私、人我关系。梁启超突出强调整体与个体的关系，他认为，清朝政府恶劣，是由于中国人愚陋、怯弱、涣散、混浊，素质低下。要建好政府，当先造好国民，提高全民的基本素质。提高全民的素质，实现人的现代化，造就一代新人，这是改造、振兴中国的根本途径。他多次强调“利群”的重要性。他认为，利己本是人的天性。但是他又指出，人是一种社会动物，任何人都不能离开社会群体而孤立生存，个人利益总是同群体利益紧密联系在一起的。没有群体和国家，我们的生命财产就会无所保障，智慧能力就会无所发挥，一个人就会一天也不能屹立在天地之间。因此，人们应该爱群、为公、利他，提倡“合群之德”。当个人利益与群体利益发生冲突时，应不惜牺牲其私人利益的一部分，以拥护公共的利益。把国家放到比自身更加重要的地位，这是地地道道的爱国主义。梁启超所处的时代，使他不可能过多地关注个人的权利与自由，他所关注的焦点是挽救民族的危亡、国家的衰落，从而给新民说蒙上了强烈的国家主义色彩。他反复强调个人对群体、社会、国家有着不容推诿的责任，人人都应关注国家的命运和社会的公益。中国的传统道德是偏重于私德的，而公德则告阙如。于是他尖锐批判了种种极端的个人主义，严厉谴责了长期存在于中国人中的“自了”主义、“独善其身”主义，以及“不在其位不谋其政”“不与闻公事以为高”等思想。

梁启超也论述了个人的自由，但他所讲的自由与西式自由有很大的不同。他更为强调的是民族国家的自由的优先性。根据西方自由主义的历史，他从政治、宗教、民族和生计自由四个方面来理解自由主义，认为自由归根结底涉及六个方面的问题：市民平等问题、参政权问题、属地自治问题、信仰问题、民族建国问题、工群问题。根据当时中国形势，其中只有人民参政问题与建立民族国家问题，也就是国家的独立自由和政治参与自由与中国有关。在讨论自由主义时梁启超的侧重点在团体而不在个人，他说：“自由云者，团体之自由，非个人之自由也。野蛮时代，个人之自由胜而团体之自由亡；文明时代，团体之自由强，而个人之自由减。”换言之，他强调国家先于个人，个人的自由有赖于国家的自由。由于与西方历史境遇的差异，在感受到外来侵略和欺凌时，不仅是梁启超，近代中国的知识分子大都自然地认为摆脱这种外来的压迫是获得自身自由的先决条件，也就是说，国家的独立自由毋庸置疑地应置于个人的自由之前。所以说，国家与民族的自由从来就是自由主义的基本要素。

除此之外，梁启超还对新民的素质以极富感情色彩的笔调作了全面的阐述。他曾一再提倡自由、自尊、自信、自治、自立、进取、冒险、生利分利、坚毅、尚武等精神。他认为，冒险进取是社会发展的动力。他认为欧洲民族之所以优于强于中国，原因并非只有一个，而他们富于进取、冒险精神则是重要原因之一，“人有之则生，无之则死；国有之则生，无之则亡”。中国人应该锻造这种进取冒险的精神。毅力也是事业成功的关键：“志不足恃，气不足恃，才不足恃，惟毅力足恃。”然而中国国民性的缺点中，最可痛者就是无毅力。翩翩少年，有着弱不禁风的体力，名义上是大丈夫，实际上比少女还要柔弱，国人这个样子，国家还会不灭亡吗？所以，中国要成就伟大的民族，在世界上竞争，必须养成坚毅的国民，结成坚毅的民族。他还提出要尚武。尚武可以保持国民的元气，国家赖以成立，文明赖以维持。国民保持尚武精神的重要性在于，国际公法不足以倚仗，立国者如果没有尚武的国民，不信奉铁血主义，那么虽有文明、知识、国民、国土，也一定无法在竞争激烈的舞台上自立。但长期以来，儒家教育奉行的信条是以冒险为轻躁，以任侠为大戒，以柔弱为善人，以“忍”作为行事的不二法门，结果导致异族入侵中国，攫取我们的权利，侮辱我们的国家。因此，要在这20世纪的竞争场上，拔除文弱的恶根，洗雪不武的积耻，让中国人有立足之地，必须培育国民的尚武精神。

新民除了在道德上有改观外，在政治上还要从奴隶、臣民的地位转变为新型的“国民”，新民不但要有思想观念上的变化，还要有政治地位上的变化。1899年，梁启超第一次给国民下了一个定义：“国民者，以国为人民公产之称也。国者积民而成，舍民之外则无有国。以一国之民，治一国之事，定一国之法，谋一国之利，捍一国之患，其民不可得而侮，其国不可得而亡，是之谓国民。”在《新民说》中，他又给国民下了一个不同的定义："有国家思想，能自布政治者，谓之国民。"两个定义强调了构成国民的不同要件，前一个更强调国民的权利，这是他痛感长期以来中国人只是作为奴隶、臣民存在而从未体会到做国民的权利。后一个定义强调成为国民须有两个素质，一是要有国家观念，二是能够参与政治，这与梁启超重视将国人锻造成为新民的思想是一致的。

梁启超认为，要成为合格的国民，政治能力的培养是极为重要的。而在政治能力的培养中，最重要的是自治力的培养。自己不能治理自己的事情，必定会有别的力量出来代替他来治理，真正能够实行自治的人，他人想要干涉而不可得。只有具有自治的能力，才能摆脱被别人统治的地位。自治是西方实行议会政治的基础，中国是否能实行议会政治，取决于中国人自治能力的强弱。

很显然，作为一代卓越的思想家，梁启超并没有把救国的目光仅仅局限在物质和制度层面上，而是放眼到了人的现代化，提出要扫除封建愚昧，造就一代新民，这对人们全面地理解、把握中国发展进步的路径，无疑是大有裨益的。

第6章

梁启超的经济思想

梁启超虽然不是经济学家，但在清末民初国力衰微的情势下，他热切地盼望中国能富强起来，因此在经济的研究上着力不少，发表了许多关于发展经济的言论，有些思想至今仍然有借鉴意义。

从宣传变法的时候开始，梁启超就对经济问题独具慧眼。1897年，他写了《〈史记·货殖列传〉今义》一文，用在每段原文后加按语的方式，用西方经济学学说对司马迁的经济思想加以阐释发挥，宣传他的发展资本主义经济的观点。他还写有《〈西书提要农学〉总序》《续译〈列国岁计政要〉》《〈中国工艺商业考〉提要》等文章。这时的梁启超还没有出过国，他的思想主要来自康有为，仍是传统的"经世"思想。

维新运动失败后，梁启超流亡日本，通过阅读日文书籍，接触到了西方经济学说。1902年，梁启超在《新民丛报》上发表了《乐利主义泰斗边沁之学说》，首次向国人介绍了功利主义。他又著有《生计学学说沿革小史》，第一次向中国人介绍了西方经济思想史的发展概况。该文是将英格廉著、阿部虎之助译的《哲理经济学史》、井上辰九郎著的《生计学史》及科莎著的《经济学史讲义》等编译而成的，基本反映了梁学习西方经济学的成绩。

发展农、工、商业的思想

梁启超秉承中国传统的重农思想，认为农业是中国得以稳定发展的根本条件之一。他看到，洋务运动后，发展工矿事业的思潮逐渐深入人心，农业则渐渐被人们遗忘。对这种趋向，他感到很危险。在维新时期，他就大声疾呼："昔《管子·轻重》之篇，史公《货殖》之传，于种植畜牧，视为重图。子舆氏以好辩闻天下，则必自五亩之桑，百亩之田始，乃至鸡豚狗彘，材木鱼鳖、靡纤靡巨，津津道之。盖信乎治天下第一义，舍是末由也。"念念不忘农业的基础地位。他还说："今之谈治国者，多言强而寡言富，即言富国者，亦多言商而寡言农，舍本而图末。无惑乎日即于贫，日即于弱也。"为言商轻农的迹象敲响了警钟。

当时有人认为中国是以农业立国，欧美各国是以商业立国。梁启超并不认同这种看法。他说，欧洲的农业产值占总产值的十分之九，商务虽然很繁盛，其产值只不过是农业的十分之一。欧美各国对农业技术的研究是不遗余力的，国家设有农政院，民间有农学会的组织，关于农业生产的研究著作层出不穷，而中国只出了《农业新法》这一种农书，而且只有区区三千字。

由于中西方对农业的重视程度不同，双方在农业方面的差距也是悬殊的。他认为美、欧、中三者在农业方面，"稼植之富，美国为最……而美国所产，较欧洲尚增一倍有余。然则今日欧洲农政，直萌芽之萌芽耳，中国农政，又远在欧洲后"。中国必须引进新的农业技术，才能奋起直追。

尽管梁启超对农业很重视，但他并不弹重农抑商的老调，他认为以农立国是不可能的，单凭农业不可能使国家富强起来，必须农、矿、工、商齐头并进，协调发展。他说："农者地面之物也；矿者地中之物也；工者取地面地中之物，而制成致用也；商者以制成致用之物流通于天下也；四者相需，缺一不可。"在多种事业的发展中，各个阶层的参与者都获得了应得的利益："（一）企业者，其所得为利润；（二）地主，其所得为地代；（三）资本家，其所得为利子；（四）劳动者，其所得为庸钱也。一事业之总收入，分配于此四项，其某项应得若干，甚难决定。"

在各种事业中，梁启超特别重视实业和交通，他认为此二者"为富国之本"。他认为人口资源是发展实业的重要资源优势，因为"中国之人，耐劳苦而工价贱，他日必以工立国者也"。对众多的工业门类，梁主张要大力发展特色产业，对它国家要加以保护，使它居于垄断地位。他说："凡所谓一国特长之产物者，必其物为他国所无有。或虽有之而其质与量皆不及我，或其生产费之廉不能如我者也。夫如是故可以造成独占价格。独占价格者，其价格之高下，惟吾所欲惟吾所命也。"棉、铁、丝、茶、糖等是中国的优势产物，其生产最需要保护，普通的矿业则应采取开放的政策。外商在我国境内投资获得的利润，他们可得三四成，我们可得六七成。这样，对双方都有好处。

关于工业组织的形式，梁启超主张采用股份公司的形式。他认为大企业兼并中小企业而使势力不断增长，是资本主义竞争的必然趋势，中国要发展工业，也必须顺应这种趋势，积极推进股份公司的建立。

1903 年，梁启超赴美游历，美洲大陆上兴起的垄断组织托拉斯给他留下了极深的印象。他看到了托拉斯在消除恶性竞争方面的巨大作用："托拉斯者，是使旧有诸公司悉逃其害，而共蒙其利也。故托拉斯者，平和之战争，而自由合意之干涉也。”有鉴于此，他主张在中国也要建立托拉斯，但中国工业基础薄弱，尤其是重工业更不发达，无法在这些部门中建立托拉斯组织，所以他主张先在土特产出口行业中建立起托拉斯组织。

梁启超对交通事业的重要性也是有切身体会的。他在致汪康年的信中说，中国的事情，非得在大举兴建铁路之后才能有所为，否则就会百无一成。因为许多中国人素来孤陋寡闻，抱残守缺，没有见识，数百年来如同坐在暗室中，对新生事物没有一点认识。有人创立一种新学，就会不遗余力地加以阻挠。看到趋新人士，就如同仇雠般加以诋毁诽谤。如果兴修了铁路，同外界的交往增多了，就会耳目一新，廓清认识，就会对治国的道理恍然大悟。这样一来，不用大声疾呼，变革也会容易得多，就不会有诋毁和阻挠了，然后其余的事情可以陆续举办，大局就会可为了。

改革金融的思想

梁启超认为，建立银行制度是整理财政、发展经济的必要手段。他说：“银行为国民经济之总枢纽，所关者不徒在财政而已。然国民经济不发达，则财政亦无可言。故言财政必推本于银行也。”在介绍了欧、美、日的银行制度后，梁启超提出设立中央银行为国家的不变政策。除此之外，还要奖励发展私立银行，为鼓励私利银行的发展，他提出给予银行一定条件的货币发行权。单一的银行发行和多数银行发行都不适合于中国的国情，只有中央银行与国民银行制并行，才是当前合适的制度。后来他对自己的主张又作了一些修正，提出将货币的发行权统一归于中央银行。集中银行的准备金，每天公布准备金的数目，按比例发行钞票，反对滥发钞票，防止通货膨胀的出现。反对银行发行不兑换钞票，反对停止市民以钞票兑换银币。要求各个银行不得滥借钱给政府。

在呼吁建立银行的同时，梁启超强调要改变清末以来混乱的币制。他对货币的职能和币材的条件是十分了解的。梁启超认为当时中国的币制存在着两个严重的问题：一是没有本位，二是货币混乱。因此，首先要建立本位制度。他比较了“金本位”“银本位”“虚金本位”（即金汇兑本位）、“金银复本位”制度的优劣，认为金本位制度最优。但是，中国历来少金多银，黄金储备不足，无法在币制问题上一步到位，实行金本位制度。在这种情况下，只能采取循序渐进的策略，他说，“吾固向来主张中国宜用金本位，或金汇兑本位者，然亦向主张于最短期间内用银本位，以为改用金本位之过渡”，“银本位，虽非最良之本位，亦非可以长久维持于不敝。然以中国今日之财力物力，而为目前过渡之计，则仍以银本位为切实易行”。所以，改革币制要照顾现实，“夫以吾中国人现在生计之程度，用银较适于用金”。但不能因此就确定中国为银本位制，应暂时先实行银本位制，然后实行“虚金本位”制，最后过渡到“金本位”制。

在实行银本位制的阶段，要改革中国的用银制度，将过去以银两为主的称量货币制逐渐过渡到以银圆为主的铸币制，逐渐废除银两制度。他认为，应将1914年的《国币条例》付诸实施，货币以元为单位，银圆的重量以七钱二分为宜。主币应当允许自由铸造，但国家要收取铸造费用六厘。主币确定以后，还应确立辅币制度，他认为铜圆是很好的辅币。为此，他规划了九种辅币面值，最低级的辅币应为主币的百分之一。主币为实价，辅币为名价，即法价。

在发行铸币的同时，国家还要发行纸币。他认为纸币具有一系列的优点，如易携带，发行费用少，对流通数量可进行控制等。纸币分为可兑换纸币和不可兑换纸币两种。可兑换纸币“无异收别人存下之银，而给回一凭票。故原人持票取银，例当立刻对交”；不可兑换纸币主要是指公债。他主张发行可兑换纸币，因为这样可以建立政府的信用。纸币的发行数量，“不逾一年租税所入之额，则断不至以太多为病”，“我国现时租税所入约一万万两，然则发一万万元之不换钞币，其价必不至低落”。如果发行多了，就会发生“劣币驱逐良币”的情况，金银就会流失到外国，国内就会物价腾贵。这说明，梁启超已懂得了通货膨胀的道理。

整顿赋税的思想

改正田赋。梁启超认为，改正田赋最为繁难，举措稍有偏差，人们就会怨谤。但田赋不能不改，因为当时的田赋制度遗利十之六七，且负担太不公平。每年征银不过三千一百万两，实收仅有二千八百余万两。因此，应该调查全国的土地，按亩征税。梁启超还认为，要将土地区分为耕地和宅地两种。中国素来对耕地征税，而对宅地不征税，这是极其不公平的。因为经济越发展，都市越发达，市镇的地价越飞涨。在市镇中的土地所有者收益极为可观，国家对之不征税，而对终日劳作的农人征税，其不合理是显而易见的。因此，要对宅地征税，而且其税率要比耕地为高。据梁启超估算，全国有耕地七亿余亩，每年可收入田赋2.5亿两。加上城乡宅地的税收等，国家常年的田赋收入可在三亿两以上。

整顿盐课。当时政府的盐税收入仅有两千余万两，以一个四亿人口的大国，盐税收入竟与德、法、意、日差不多，实在是说不过去。盐税收入如此之低，是与私盐泛滥分不开的。盐政之弊主要有：一，税率太高，苛捐太多，以致官盐成本太重；二，行盐地各分疆界，助私盐流行之势；三，由盐商垄断权利，贩盐之业不能普及，奸侩得因缘为奸。为革除弊端，梁启超认为，食盐应全归政府专卖，设提盐使司提盐使十人，分管十盐区。制盐人必须登记，得到凭照，经批准方能开业。盐务官点收制盐人制作的食盐，收价除制盐费外，每斤给予一文的利润。盐务官将盐每百斤加价 1.5 两批发给贩盐人。政府要提高食盐的品质，夺回蒙古、西藏市场，将食盐打入南洋市场。

增加新税目。梁启超认为，国家越进步，所需的经费就越多，而国家财源以租税为大宗。故理财者，必求租税岁入的增加。开设税目的原则以不妨碍国民经济的发达，而负担均平者为贵，所以选择税目应该慎重。田赋和盐税是中国固有的税种，海关税为条约限制，不能随意更改。根据各国通行税目，中国应该增加的税目有所得税、家屋税、营业税、酒税、烟税、糖税、登录税、印花税、遗产税和通行税。

裁减旧税目。国家欲得不竭的财源，就要增加国民的纳税力，一些专事聚敛的税目应该裁撤。这类税目有厘金、常关税、茶税、赌博税和其他各种杂税如牙税、当铺捐、猪捐、渔捐、船捐、车捐、盐课、油税等。厘金阻碍国内商品的流通，常关与厘卡无异，茶税使茶商日肥，茶农日瘠，赌博应该禁止，抽赌博税无异于饮鸩止渴。这些都是典型的恶税，都应该废除。

梁启超乐观地认为，经过整顿这些税收，加上国营事业的收入，每年可达七亿两之巨，远远超过当时 1.3 亿两的收入，以此整理行政，奖励生产，十年以后中国会富甲天下。

利用外资的思想

梁启超对利用外资非常关心，就利用外资的原因、条件、利弊和原则等作了许多论述。

早年梁启超不太主张利用外资，他认为“外资之性质极为危险，可以不借则不借为妙”。后来他认识到，单从外资本身看不出利弊。外债能起怎样的作用，关键在于利用。利用外资有好坏两种结果，如果利用得好，会极大地促进经济的发展，利用得不好，会被债权国所控制，甚至导致国家灭亡。利用外资成功的国家有法国、意大利、俄国、日本，利用外资失败的国家有埃及、哥伦比亚、阿根廷，埃及甚至因此亡国。

梁启超对于举借外债的恶果是有充分认识的。他认为，外国出借外债“其所图绝非在区区将来偿还之本息”，而在于“渐握我生计界之特权”。尽管借外债险象环生，梁启超认为中国还是有应该借外债的缘由。在财政上，他认为中国宜借外债表现在三点。

第一，我国财政久已入不敷出，旧有的政务，已经没有办法举办；而新增的政务，更不用说了。如果新政的项目一一实行，则政费年增一年，而岁入没有显著的增加，则不但已经举办的政务悉行中止，没有举办的政务，就会永远地搁置。只有借得外债，才能纾缓这一困境。第二，现在因为财政竭蹶的缘故，官俸兵饷常常被拖欠，欠官俸则更无以养官廉而饬吏治，欠兵饷则大乱就要起于眉睫，非得外债，则无以救此燃眉之急。第三，况且现在入不敷出的数量，政府固终不得不从榨取人民中取得，于是乎恶租税、恶货币、恶内债等必纷纷继起，搜刮民脂民膏，使全国竭泽而渔，大乱就更是无所逃避的事了。借外债以为挹注，则当前的荼毒，或稍稍可以减轻。

在国民生计方面，也有宜借外债的缘由。社会上恃以为生利的因素有三个：土地、劳力、资本。企业就是结合三者而利用之。土地所得叫作租，劳力所得叫作庸，资本所得叫作息，企业所得叫作赢。租庸率的高低，常与息率的高低成反比，同一资本，投到租贵的土地，用厚庸的劳力来生产，所得的息一定少，反是则所得的息一定丰厚。企业家如果能利用廉息的资本，用租庸两贱的土地作为工厂，则获赢会更大。经济发达的国家，息率常常越来越低，而租庸率越来越高。经济落后的国家则反之。我国的土地跨越三带，土地适宜出产的作物不可胜量，蕴藏在土地中的矿物也很多，中华民族又是勤敏慧巧的民族，万事俱备，只欠东风，那就是资本缺乏，因为这种制约中国还贫穷落后。如今欧美正愁资本过多，想要得到三四厘的利息还唯恐得不到，还用担心它们不愿意贷款给我们吗？如果它们愿意贷给我们，即使我们出五六厘的年利息率，利用这些资金来开辟我们未尽的地力，利用我们失业的人民，租庸之廉，十百于发达国家，怎么能不得到数倍的盈利呢？美国立国仅仅百年，就成为新兴的发达国家，就是得益于此。因此，如果能有坚明责任的政府，树立统筹全局的政策，在财政方面，借外债以整理旧债，且以供改革行政的费用；在国民生计方面，借外债以建设交通机关，确立金融机关，这都是今日应该抓紧办理的事情。

梁启超还清醒地认识到，中国有不宜借外债的地方。在财政上，不宜借外债之处有：第一，凡政务必以国利民福为目的，而清末数年来的新政，并没有做到这一点；第二，新增的支费，并没有都用在办新政上，支出的政费，属于浪费的，占十之八九；第三，当时各国公债的增加，大半起于军备，现在政府整顿武备，似乎也是这样，但国家政务，自有本末先后，百政废弛而欲强军，这是不可能的事。

在国民生计上，也有不宜借外债的原由。梁启超对国人有无运用庞大外债来经营企业的能力表示怀疑。他认为国人以小资本来经营企业，固有一日之长；以大资本经营新式企业，非大加训练之后，恐怕难以成功。二三十年来，以股份公司之形式从事企业者，所在多有，但大多数都亏衄以败。资本愈大，规模愈恢，则其败也愈剧。

因为举借外债有巨大的利害关系，梁启超对利用外资的原则是极其重视的。

在政治方面，梁启超认为对外对内都有很高的要求。对外国，在利用外资时，不能接受不平等的附带条件。然而，在当时，发达国家输出外资，都附带政治、经济条件。列强为了攫取更多的利润，往往不择手段，诡计迭出，破坏中国的主权，企图“渐握我生计界之特权”，干涉中国内政，侵犯中国主权。所以，在举借外债时，要保持警惕，不能让列强的阴谋得逞。利用外资要“政治机关健全，毋使外人挟资者侵及有司，则其于一国生计之前途，仍多利而害少”。在引进外资的方式上，他认为，华洋合股是最下策。商借商还也不可取，商借虽不是政府行为，似国家与债权国无涉。然而，滥借滥用外资，最易在商借中发生，到头来，操业已败，无力偿还本息，纠纷一起，最终还需由国家政府“代负责任”，必涉及政治问题。他主张官借。官借的形式“能如欧美各国之以本国公债券自由吸集者（外国人亦可购买）有外资之实而无其名，万无涉及于政局之患”。“对于外国应募者，不必宣言此债之用途何属也，而政府内部自调度之”，外国不得参与过问。概括起来，他认为“毋用洋股，宁用洋债；毋用商借，宁用官借”。

对本国，借外债的先决条件是国家政治组织完善。举借公债，是一种政治行为。唯政治组织完善的国家，才可以借外债。国家要有议事机关和行为机关。行为机关，常在政府，各国皆同。意思机关，都在国会。所以举借外债的第一先决条件是国会，没有国会，借外债，实无可置议的余地。执行国家意思的是政府，执行贵在统一，明确责任。有政府而无责任，则执政者各自干各自的事，而非干国家之事了。举借外债的第二先决条件，实为统一的责任内阁。举借外债的第三先决条件，实为政府能否得人。所以，借外债是可以的，现政府借外债不可。不得已而求其次，则必须国会已开，而有统一的政府对国会负责任，则经国会协赞之后，相对的也可以借外债。

在经济方面，原来梁启超以引用外资是否用在生产方面作为应否举借外债的标准。后来他认为这并不适当，因为生产与不生产，很难加以界定。外债政策的标准应“以最小之劳费得最大之效果”为原则，即以能否赢利为依归。同样，恒费与特费，“恒费”即国家政府部门行政所用的常费，只消费而不能直接殖利。原则上，只能以租税补充，不得举债。若举债，则无以偿本付息，一定会有害。“特费”一般指生产的、能殖利的企业，原则上可举债。无论举何业，必当以能否殖利的“生计主义”为准则。也就是说，梁启超把外资能否殖利作为利用外资的标准。

在具体的借贷方法上，梁启超最重视债权者的选择及募集条件。就选择债权者一事言之，他最希望对于外国的个人而负债，勿对于外国的国家负债。最好的办法，能发普通的国债券，而运动外人购买。以募集条件言之，主张平价发行法，而不宜采折扣发行法。其次，外债以永息公债为最有利。最后，以欧美市场息率言之，各国公债，其息殆无过四厘，今外人既日日运动我借债，我国如果操纵得宜，则以平价发行息率四厘的条件与之交涉，未始不能办到。

外债到期偿还是一个大问题。梁启超认为，国家财政的实力是外债得以偿还的根本保证。他强调因中国负有庞大债务的缘故，外国才得以托名于保护债权，作为干涉中国内政的口实。如果我国的财政方针能够确定，财政基础能够巩固，那么，即使外债的数额数倍于今日，外国也绝没有干涉的余地。

他主张用间接的方法偿还外债，如果由国民一举而还清外债，这样做虽暂时可以免除外债带来的列强干涉之患，但必然会导致全国金融的顷刻枯竭。这种情况，即使在财力雄厚的国家尚且无法解决，何况财力久已匮乏的中国呢？由是，梁启超坚决反对采用直接的方法来偿还外债。

所谓间接的方法，就是借换。借廉息的公债来置换重息的旧债。用此种方法，不但能够减少实际偿还的本息，而且能够延缓实际偿还的期限，且不致对国内的经济产生太大的冲击。假使国民能用新借的低息外债投资于生产事业，以廉息的资本、廉价土地和劳力，在全球的经济界中，中国的竞争力都会无可匹敌。对于为一举偿还庚子赔款而筹集的捐款，梁启超一方面认为不应该退还而使国民的爱国精神受到挫伤，另一方面又认为不可用来直接偿还外债，应该用所捐的款项作为股本，创办一股份公司，向外国市场买回中国的公债，化外债为股票，进入国内、国际市场流转，从而达到保值、增值的效果，进而用增值的部分更多地购入外债，这样良性循环下去，不动用国库，不动用民力，而外债之患自然减轻，收到一举多得的效果。

对于流行的自由偿还法和偿债基金法，梁启超认为前者最称圆妙，世界各国，也多采用这个方法，但在中国还不能实行。如果自由偿还，必须在短期内筹集到大量资金，即使能够勉强办到，立刻缴纳，也会使国家的财力遭受灭顶之灾，使人民的苦难更为加重。而且自由偿还没有长期规划，没有宏观调控，不能使偿债与国力、民力相适应，也不能与建设相适应。所以，梁启超主张从长计议，倾向于采用后一种方法，将偿还期限定为四十二年。这样，所偿的外债数额占岁出的比例就会大大减少，且随着时间的推延，实际偿还的总额也会比前一种方法要少很多，还可以随着国家形势的发展变化及时调整每年的偿还额。建立基金后，在偿还外债之余，自身也会增值，可以极大地减轻对国库资金的压力。

总之，梁启超到日本后，学习到了先进的经济学知识，并用以分析中国的经济问题，在中国的举借、偿还外债方面，提出了许多有益的见解，值得我们在利用外资时加以借鉴。

发行内债的思想

内债是公债的一种，梁启超认为："公债者，民以财贷诸国库而取其息也。"在本国市场上募集的公债，可称之为"内债"，在外国市场上募集的可称之为"外债"；以本国货币积算的公债可称之为"内债"，以他国货币积算的，可称之为"外债"。

公债的发行，要具备五个条件，即"一曰政府财政上之信用孚于其民；二曰公债行政悉周备；三曰广开公债利用之途；四曰有流通公债之机关；五曰多数人民有应募之资力"。这五个条件缺一不可。

从这些原则出发，梁启超不主张搞所谓"爱国"公债。他说各国学者都抨击爱国公债，认为这不是正轨，因为这种公债不能普及，也不能持久。如果搞爱国公债而想使它普及和持久，不得不出于强逼这一途，就会弊大于利。在公债的发行过程中，国家是债务人，而持有债票的百姓是债权人，其权利义务是纯粹的私法关系，而不能有公法的作用混淆在其中。人民认购公债，不过以此作为生计行为的一种，而绝非持国家的观念而为购买的动机。在发行公债的过程中，不必去刻意宣传什么爱国主义，普通人知自利之义者甚多，知利国之义者也少，善于治国的人，举利国之事寓于自利中，即使人们出于自利的目的而认购公债，在不知不觉间，已对国家财政作出了大的贡献，由"自利"收到"利国"的效果。

第7章

梁启超的宪政思想

梁启超不是法学家，但他关心法律问题，对宪法的三大精神、国会制度、选举制度等都有精深的研究。他的法学著述总计三百万字以上，其中有关宪法、行政法的约占一半。梁启超被视为中国宪法学的开山鼻祖，他的宪法学著作主要有《各国宪法异同论》《论立法权》《宪法之三大精神》《中国国会制度私议》《立宪法议》《宪政浅说》《立宪政体与政治道德》《责任内阁释义》《开明专制论》《省制问题》《异哉所谓国体问题者》等。他还翻译介绍了孟德斯鸠、伯伦知理等大法学家的宪法学说，著有《法理学大家孟德斯鸠之学说》《政治学大家伯伦知理之学说》等。

如前所述，梁启超认为，人类社会的发展要经历三个阶段，即由“多君为政”演进到“一君为政”，再达到“民为政”。他认为宪政取代专制是历史的必然，当时的世界实际上是立宪、专制两种政体新陈代谢的时代。按照公理，凡是两种相反的事物新陈代谢必定会有斗争，斗争的结果必定是旧者失败新者胜利，所以各国一定会先后演进到立宪政体。他指出当时的中国正处于“可生可死、可剥可复、可奴可主、可瘠可肥”的过渡时代，君主立宪政体是这个过渡时代的绝妙法门。

后来梁启超受到革命党人的影响，大谈起革命来，但他主张进行不流血的破坏。1903 年从美国游历归来后，他又提出“开明专制”论，希望大多数国人知晓立宪、希望立宪并且相率追求立宪。辛亥革命成功后，他又提出“虚君共和”的主张，这是以英国为蓝本提出来的。可以看出，他并不太重国体的形式。梁启超还曾为他前后不同的国体主张进行辩护，指出凡是主持国家事务的人都害怕谈革命，他无论何时都反对革命。他主张开明专制、君主立宪、共和立宪，对政体的主张屡有变革，但他追求立宪的志向则一以贯之，从未改变。当然，梁启超受国家主义思潮的影响，将实现国家富强作为宪政的一大目标，使其立宪主张蒙上了一层工具论的色彩。

梁启超极其重视法治，宣称“法治主义是今日救时唯一之主义”。要走上法治的轨道，就需要制定宪法，他认为“制定宪法，为国民第一大业”。他多次阐述宪法的精神，指出宪法在英语中原作 The Constitution，原义是“元气”，用这个词称呼宪法，意味着它是一个国家的元气。宪法是国家的根本大法，只有有议院的国家所定的国家法典才称得上是宪法。宪法是历经万世而不改易的宪章原典，一个国家的人民，无论他是君主、官吏，还是普通百姓，都要共同守护宪法。宪法是国家一切法度的根源。宪法制定后，无论再发布什么命令，颁布什么法律，都要万变不离其宗。他还说，宪法的职责是使政治有一个永久可以遵循的常轨。

制宪权属于谁是宪政的一个重大问题。梁启超认为，从法理上讲，国家主权属于全体国民，这在 1912 年的《中华民国临时约法》中有明确的记载。基于对国民权利的尊重，制宪权应该属于国民，这是最为合理的事。宪法应由国民自动制宪而来，具体步骤是以国民动议的方式由有公权的人民若干万人以上连署提出宪法草案，以国民公决的方式，由全体国民投票通过而制定。国民制宪是国民自卫的第一义。有了宪法，就可以防止政府与国会相勾结来盗取民意，败坏国事，祸害国民。

制宪权不应该给予国会。宪法是用来规定国家各机关的权限的，它本不可由一机关专门擅自制定。从产生的次序来看，最先有的是宪法，然后据以制定选举法，然后选举产生国会。因此，制宪权不应该为国会所有。他认为，《临时约法》在此方面的规定是有缺陷的，将制宪权委诸国会，是宪法难产的一个最大的根源，也是“国会万能”这种错误观念的反映。

关于国民制宪，有人主张召集国民大会。梁启超认为其意甚美，但国民大会主要事业应为制宪，且应由国民动议或国民投票两种形式组织。并认为若议员成为其成员，则应“以国民会议议员之资格制宪法，非以国会议员之资格制宪法”。在修改宪法之时，应由“国民特会”这一超乎立法、行政、司法三机关之上而总揽主权的最高机关。当然，“国民特会”只是行使主权的行使者而已，国民全体为主权的所有者。

梁启超认为，国体可用最高机关属于谁为标准来判别，由此，国体大致上可以分为君主国体、贵族国体和民主国体三种。贵族国体在他所在的时代已经绝迹。君主国体的最高权力属于君主。民主国体的最高权力属于有选举权的国民。从国家元首来看，元首称为皇帝并且世袭的国家是君主国，元首称为大统领并由选举产生的国家叫民主国。政体以直接机关的单复为标准来区分。如果仅有一个直接机关，它行使国权没有一点限制的政体叫专制政体；有两个直接机关，它们在行使国权时相互限制，这种政体叫立宪政体。立宪与专制的差异不在于国体是君主国还是民主国，而在于行使国权时有没有限制。

梁启超比较看重政体，对国体为何不太看重。他认为只要能够真立宪，那么国体为君主国还是共和国，都没有什么不可以。他主张政治家只问政体，不要问国体。国体是什么既不是政论家所当问，更非政论家所能问。基于这种认识，梁启超的国体主张多有变更。他坦陈共和国体是最神圣最高尚的国体，但又不把追求共和制作为不变的目标，他说在国体问题上不要唯优是求，而是要唯适是求。1905 年，他甚至提出开明专制的主张，认为开明专制是立宪的过渡和预备，这时中国绝不能实行共和或立宪，因为搞种族革命，就应该主张专制而不能主张共和；要搞政治革命，就应该提要求而不能搞暴动；也还不能实行君主立宪制，因为人民的文明程度不及格，施政机关还未整备。他认为国体主张的变更不值得大惊小怪，因为谋国者都害怕谈革命，他无论何时都反对用革命来达到社会变革。中国已极度衰败，应该竭力培植国力，不能将人才和物力浪费在无谓的争执上。

梁启超深受孟德斯鸠的影响，对孟氏的三权分立思想推崇备至。他称赞孟氏说："三权鼎立，使势均力敌，互相牵制而各得其所，此孟氏创建千古不朽者也。"他认为西方的民主政治在法律上即表现为立法、司法与行政三权分立，即"三权之体皆莞于君主"。国家的行动表现为行政，国家的意志表现为立法。政府就好像是发动机，国会就好像是制动机。有发动而没有制止是不行的，有制止而不能发动，更是不可以的。两者的调和，在于人的作为。为了互相制衡，必须将专制政体变为立宪政体。将立法权、行政权、司法权分别授予三个不同的机关，是为了防止其中任何一个机关的权力过分强大，否则，假使政府的权力无限，它的弊端是陷于专制主义，使人民受困，永远不能进入文明社会。在梁启超看来，英国的君主立宪政体最适合于中国，那就是要设立民选议会，制定宪法，实行"三权分立"。由国会行使立法权，由国务大臣行使行政权，由独立审判厅行使司法权。实行三权分立，还可以防止相互掣肘，避免相互推诿的现象发生。

梁启超始终不渝的志向是在中国实现立宪政治。要达到立宪政治，就要实行多数政治，使多数人民获得权利。立宪政治还是限权政治，君权要受到限制，政府要对国会负责。立宪政治，一言以蔽之，就是权力有限。立宪政治还是国民政治。要使宪政成立，必须在国民中培育一坚强的阶级，使其知道政治的利害并且积极参与。因此立宪政治是国民参政的历史。立宪政治还是舆论政治。自治机关、国会等所讨论的问题都是社会舆论的反映，国家一切官员都不能与舆论相对抗。

作为一个立宪主义者，梁启超把国会看得很重。他认为国会是制限机关，与主动机关相对应。凡是立宪的国家，必定有两个直接独立的机关相对峙。这两个机关，其中必有一个能以自己的力量发动国权，对于人民而言能产生约束力。这就是主动机关。又必定有一个机关不能以自己的意思直接产生约束国民的力量。它能够以自己的力量制限主动机关发动国权，不得到它的同意，就不能有效，这种机关就是制限机关。国会就属于后者。

对于国会如何组织，梁启超也表明了自己的看法。他认为国会一方面在于以国民全体的意志为国家的意志，另一方面在于能用适当的方法来发表其意见。为达到第一个目的，就不能不使社会各方面都有代表在国会里。为达到第二个目的，就不能不设立适当的机关，来调和各方面代表的意见。

国会有二院制和一院制两种，他认为二院制能调和一般利益与特殊利益，可以避免国会的专横，可以防止国会轻躁的行动，可以调和国会与其他机关之间的抵触，还可以使少数优秀人才在政治上得以发挥其才能。但梁启超并没有回避二院制的缺陷，他指出二院制也不是完美无缺的，也有缺点，主要表现在议事迟缓，经费开支增加，有少数压制多数的可能，缺乏统一等。

梁启超倾向于二院制。他认为，在中国实行二院制，有两个特殊的原因：一是蒙古、西藏的制度与内地不同，实行二院制，有助于国家的统一；二是各省大小不同，可以按人口选举下院议员，再按省份选举上院议员，兼顾大小省的利益。

国会由议员组成，议员的选举问题素为梁启超所关注。他将选举权分为普通选举与制限选举两种。前者规定一切人民都有选举权，后者规定以法律指定若干条件，符合或达到该条件要求的人民才有选举权。普通选举也不是一点限制也没有，实际上各国在性别、年龄、国籍等方面也都有一些限制。普通选举应该是普通制限选举。制限选举实际上是特别制限选举。普通制限有国籍、性别、年龄、住所等方面的限制。特别制限分为消极特别制限与积极特别制限两种。消极特别制限是指在法律上规定若干条件，凡不在其列的人民，均有选举权。这些制限有公权行使制限（如剥夺公权）、财产变动制限（如破产）、阶级制限（如日本的华族户主）和职业制限（如军人）等。积极特别制限是指法律规定若干条件，符合此条件的人民才能有选举权，如财产制限、教育程度制限等。什么样的人才有被选举权呢？世界各国对被选举权的限制都比选举权要多，其中最主要的限制有财产限制、年龄限制、住所限制、职业限制等。

议员的选举方法也很复杂，梁启超对此费了很多精力加以探究。从选举的直接与否来看，选举可分为直接选举与间接选举两种。这两者都不是完美无缺的，各自都有优缺点。直接选举能够将大多数人民的意见直接反映到国会，能增加选举人的投票积极性，这种选举方法程序简单，有利于减轻国家和人民的负担。间接选举有利于鉴别被选举人，组成良好的国会。第二级选举人的社会地位较高，居住地的交通更便利，从而容易为大家所知晓，同时又为名誉职，能使其产生自重心，从而行事更加慎重。

选举议员的时候划不划分选区也是相当费斟酌的事。按理说无选举区制是正确的，这样选出的议员才是全国国民的代表。如果分选区选出议员，容易使人误解他只是本区的代表。而且划分选区，人口的比例也难以一致。但是无选举区制也是有弊端的，在这种制度下，如果要补选议员，就需要动用全国的力量才能够进行。因此这种制度只能在极小的国家实行。选举区制又分为小选举区制（即一区选出一名议员）和大选举区制（即一区选出多名议员）两种。这两者也各有优缺点。后一种议员的分配较易公平，而且因为地域广大，作弊的可能性较小，也较易得到人才。这种方式不仅能够选出多数党的议员，还能选出少数党的议员。这种制度的缺点是投票的程序太繁杂，容易引起争议和混乱。一旦议员出现空缺，必须合全区之力进行补选，其经费开支也要大于小选举区。

选举有自由选举与强制选举的区分。自由选举为多数国家所采用，但它的弊端是弃权的人较多。为了扭转这种局面，法学界开始提倡强制选举。这就涉及一个法理问题：选举对选民而言，究竟是权利还是义务呢？强调权利的人认为，选举权是公民的一项天赋人权，参不参加选举不是义务，法律上也不必规定。强调选举是义务的人则认为，选举不是为了个人自己的利益而进行的，是为了国家利益而进行的。不经过选举，国家机关就不能成立。国家要求人民参加选举，与要求公民纳税、服兵役没有两样。梁启超显然倾向于后者，他认为凡是政治上的权利，同时即是政治上的义务，选举既然是人民的一种权利，就应该也是人民的义务。但他对在中国实行强制选举持慎重态度，因为中国立宪的思想尚未普及，不可以贸然实施这样的选举。

关于国权与民权的关系，梁启超认为，在一个体制和制度完善的国家，必须首先要明确政府和人民的权限。如果人民的权利没有限制，它的弊端是使国家陷入无政府状态，使国民回复到野蛮状态；如果政府的权利没有限制，它的弊端是使国家陷入专制状态，使国民受困而永不得进入文明状态。过于强调国权，就会沦为干涉主义；过于强调民权，就会沦为放任主义。一般来说，国权和民权不能过于倚重一方，但各国在制定宪法时要根据本国的国情而对国权或民权一方有所倾斜，要有所损益，以此来做一些调和。但如何调和往往众说纷纭，在中国，重视民权的人士认为，中国受困于专制主义数千年之久，不采取广阔的民权主义，就不能刷新天下的气象。而重视国权的人士则认为，中国虽号称是专制国家，但实际上在施政时是以放任为特征的。当务之急是将广大的权限赋予国家机关，以整齐、严肃国务，锻炼国民，以便在对外竞争中取得胜利。梁启超则本其一贯的温和立场，既不赞成极端的民权说，也不认可极端的国权说。但梁启超还是倾向于强调国权的，他认为当时甚嚣尘上的民权论有驽钝国权的不良作用，使国民不能一致对外以在竞争中获胜。所以他认为，在外患严重的时代，应该稍稍倚重国权主义，来补民权主义的不足，这是中国制定宪法所宜采取的一种精神。

梁启超尽管对孟德斯鸠提出的三权分立学说极为服膺，但他也清醒地看到，立法权与行政权的分立与良好运行并不容易。国会行使的权力主要是立法权，但并不限于此，况且立法权又不能专属于国会。宪政国家分别设立国会与政府，初衷是使它们互相牵制而发挥它们各自的功效。但是，如果政府中的官员全由立法院的多数党人士担任，国会与政府就会连为一气，国会的所谓监督职责就会形同虚设。如果政党的道德不完备，就会陷于一党专制的弊端。另一方面，如果政府对于国会因为畏惧而采取谄媚的态度，或者因为对其嫉视而采取操纵的态度，就可能用笼络或离间的办法，使议员各自为政，尽受政府的掌控，那么国会也最终会成为政府利用的工具。应该说梁启超的担心并不是多余的，民初政坛就演出了一出出活脱脱的议会被操纵、被玩弄的戏剧。对此，梁启超也未能开出什么好的纠偏药方，他只是笼统地指出各国调和立法权和行政权的方法大多是因国情积累经验而养成良好的风习。

在中国这样一个大国，应该实行集权制度还是分权制度，集权与分权的程度如何，即中央与地方的关系如何处理，是任何一个法学家所不能回避的问题。梁启超研究法学，自然也不能回避这一难题。在中央集权与地方分权的程度问题上，他秉持一贯的调和立场，认为无论哪个国家，既不可能有绝对的集权，也不可能有绝对的分权。当然集权与分权的程度不一，视各国的国情不同而各采取适宜的制度。强调分权的国家，宜以不妨害国家的统一为限度；强调集权的国家，宜以不牺牲局部的利益为限度。为不超越这两种界限的制度，都可以被称为善良的制度。幅员狭小、交通便利的国家，应以实行集权制度为宜；幅员广大、交通不便的国家，应以实行分权制度为宜。具体到中国的中央权与地方权如何划分，梁启超认为，中国不得不实行分权制度。从地理上看，中国地域辽远，中央对边疆鞭长莫及，即使想集权也不可能做到。从政治上看，中国要想实行集权制度，不但不可能，也不可以。现阶段不宜实行集权，等到交通方便之后，才能由分权进而集权。可以看出，梁启超是主张在国家统一的前提下给地方有一定的自主权的，这也是他后来赞同联省自治的思想由来。

从赞成分权出发，梁启超给自治以足够的关注。自治关乎民权的申张，民权的有无，不光表现在议院中的参政，更表现为地方自治。地方自治能力强的国家，它的民权一定强盛，否则一定衰微。自治的能力不具备，只空谈自由，将会造成力图抓紧推进反而迟缓，力图取利反而受害的局面。自治还是国家发展的基础。如果地方没有自治的能力，整个国家就没有建设的能力。立宪国家政治上的特色，在中央有国会，在地方有自治。地方自治实为国民参政最好的练习场，是宪政基础的第一级。地方的公共事业，性质上与国务大体相同，但在规模上要远小于国务。所以办自治轻而易举，不必有奇才异能，已可胜任愉快。自治并且与各人十分密切，容易刺激人们的公共心，唤起人们的兴趣。梁启超断言，中国国民将来能否享受民权、自由、平等的幸福，能否实行立宪、议会、分治的制度，全看自治能力的大小、强弱。

自治是与官治相对应而言的，搞自治必须不假官力，纯粹由人民自动办理。国家颁行自治制度，只不过是代民众拟定一份妥善的办事章程，教给人们以要办理的事情。其余应全由人民自行斟酌，务求将公益和私益作一个很好的调和。搞自治还离不开法律。人人都要遵守法律，法律发自人人心中良知，适于人道，可以保证个人的自由而不侵害他人的自由。如果人人守法，不用劝勉，不用逼迫，自觉地遵守规矩、限制，其实这已经就是自治。凡是自尊的人必定会自治。人为什么要比禽兽尊贵呢？因为人有法律，而禽兽没有。梁启超并以英国为例，指出英国的人口不过是中国的十五分之一，但是在世界上地位突出，原因即在于英国人的自治力强，法律观念重。

政党制度是实行宪政的基础。梁启超认为，有两党以上，才称得上政党制度，其中一个政党在朝，其他政党在野。在野党的目标是取代在朝党而上台执政，于是会抨击执政党的政策得失。如果该党上台执政，必会为其他政党所抨击。政党之间的竞争是有利的，有利于除公害增公益，有利于民智的发达。

在政治活动中，政党自身宜采取强烈鲜明的态度，对于政府宜采取强硬监督的态度，对于主义相近的政党宜采取融合的态度，对于主义相远的政党宜采取协商的态度（先国后党）。

所以，政党是人类任意的继续的相对的结合团体，以公共利害为基础，有一贯的意见，用广明的手段为协同的活动，以求在政界占有优势地位。

梁启超认为，政党政治能否确立，健全的政党能否产生，实攸关国家的存亡绝续。他非常推崇英国的政党制度，指出英国是一个完全的政党内阁制的国家。不具国会议员身份不能成为内阁成员。内阁必须由国会下院多数党的领袖来组织，内阁在下院失去多数，可以解散下院再选，但是再选举后仍未占多数，即须辞职。如果没有政党在下院占过半多数，就需由两党以上联合方可占下院多数，则称之为准政党内阁。政党内阁是民权的极至，内阁的权力来自于国会，国会的权力来自于人民。内阁的权力始终操诸多数国民之手。内阁成员不敢施行腐败的政策，从而使它的政党失信于国民。

中国自古以来没有宪政思想，近代的宪政论是从西方和日本引进的。尽管梁启超的西学思想多半由日本而来，但他对日本近代思想的弊端有着清醒的认识。对当时竞相仿制日本制度的倾向，梁启超就有着极为中肯的批评，他认为日本是欧美人眼里的具有半专制色彩的立宪国家。宪政的精神不完全，宪政的程度劣下，在当时极为严重。而中国政府和那帮曲学阿世的所谓新进，动辄以效法日本宪政为词。这种说法适不适应中国国情尚且不说，既然效法日本，就要知道日本的制度有它维持下去的道理，如果只获取对自己方便的部分而效法，对自己不便的部分就隐而不言，这又能说是效法日本吗？

梁启超的宪政思想有着鲜明的特色。一是他的宪政研究始终围绕中国的政治改革而进行。梁启超虽是学问家，但更是实践者，他关心的是中国怎样由一个老大的封建国家转变为一个近代化国家，因此他的宪政研究是以西方制度能为中国所用而展开的，他的研究自始至终贯穿着改变中国政治体制的初衷。

二是他的宪政研究持论平正，没有虚美隐恶的缺陷。梁启超对许多重大宪政问题都是有着他自己的看法和取向的，但他在研究中，并没有将他倾向的制度说得天花乱坠，也没有将他放弃的制度说得一无是处。在梁启超的心目中，各种制度都有优缺点，根本不可能存在完美无缺的制度，在设计制度时只能从中选择一种优点较多、缺点较少的制度。因此，在论述中，他将各种制度的优劣得失作了详细的剖析和揭示，力图给人一个全面准确的认识，让人们在权衡中接受他的选择，绝没有强加于人的感觉。

梁启超将中国传统法学和西方法学比较分析并融会贯通，得出自己的法学观点，结合各朝各代世界各国变法学家的成败经验，为当时政治体制的建立，为中国下一步向何处去提出了自己的设想。

第 8 章

梁启超的史学思想

梁启超目光敏锐，兴趣广泛，涉猎的学术领域极多，但毋庸讳言，史学是他一生用力最勤、收获最大的领域。

批判旧史学

《新史学》集中体现了梁启超的治史思想，是一部影响深远的史学力作，1902 年发表于《新民丛报》。该文具有重要的历史地位，它的发表，标志着中国资产阶级史学家开始反思传统史学，批判封建旧史学存在的种种弊端，呼吁进行“史界革命”，建立新型的资产阶级史学。

在《新史学》中，梁启超对中国传统旧史学进行了系统、全面的批判。他认为中国旧史学存在着四大“病源”。

中国旧史学的第一大病源是“知有朝廷而不知有国家”。他指出，二十四史不是历史，只不过是二十四姓的家谱而已。中国的旧史家总以为天下是君主一个人的天下，所以，他们在撰写历史典籍时，不过是在叙述某个朝代是怎样开始的，用什么手段来维持统治，又因何失去政权而已，除此之外就再没有别的内容了。梁启超认为这种记载王朝兴亡成败的历史，绝不是一个国家或民族的发展史，只能称之为“帝王的家谱”。他指责旧史家，即便是像司马光这样优秀的史家，撰述历史著作的目的也是为了供君主浏览，而不是为了让国民阅读。他们的著作只能称为“皇家教科书”，记述的只是朝代更替之事，它最大的弊端是不知朝廷与国家的区别，以为除朝廷外没有国家。他对旧史家们“正统闰统”的争论、“鼎革前后”的笔法特别反感，认为这些都是自欺欺人的说法，中国国家思想长时期不能兴起，旧史家难辞其咎。

中国旧史学的第二大病源是“知有个人而不知有群体”。良好的史家，在撰述历史时，只能以人物为写作历史的材料，不能以历史为人物的画像；只能以人物为时代的代表，不能以时代为人物的附属。中国历代的“正史”则不然，将绝大部分篇幅浪费在“本纪”和“列传”上，错乱堆放，好像是将无数篇墓志铭合成了一本本历史书。其实好的史书叙述的内容应该是叙述一群人互相交往、互相竞争、互相团结的道理，能叙述一群人休养生息、共同进化的状况，使后来的读者，油然产生热爱其群体和善待其群体的心情。梁启超认为这是中国人“群体”不能成立，“群力、群智、群德”不能发生的重要原因。

中国旧史学的第三大病源是“知有陈迹而不知有今务”。他认为，写历史是为了教育人，为今人作资鉴。撰写历史的目的既不是替古人作“纪念碑”，也不是替历史事件作“歌舞剧”，而是供国民以为“经世之用”。因此，他肯定愈至近代的历史应该记载愈详。他痛斥了封建地主阶级史家因“忌讳于朝廷”而不敢如实记载当代历史的颓风，并且反对封建史学那种迷恋古代，知古而不知今，详古略今的做法。

中国旧史家的第四大病源是“知有事实而不知有理想”。梁启超认为史著不应该是呆板地罗列史料，而是要通过对史料的分析来揭示人类社会的发展方向。旧有的史书尽管汗牛充栋，但都像偶像一样没有一点生气，读了以后白白耗费人的脑力。这样的历史就不是增益民智的工具，反而是耗费民智的工具。他强调人类社会历史的发展是有脉络可寻的，史家在撰述历史著作时要“鉴往之大例，示将来之风潮”。他认为只有这样的史著才能对社会进步有益。

在指出中国传统史学有四大病源之后，梁启超还指出中国旧史学存在两大弊端。第一是“能铺叙而不能别裁”，即中国旧史书篇幅很大，而其中有用的东西却不多。一般的史书就不用说了，就拿被历代史家赞誉不已的《资治通鉴》来说，如果拿它与西方史书相比，发现它还是有很多不足。司马光等人编纂《资治通鉴》用了十九年，辨别选择史料号称最为精善，但是今天用读西方史书的眼光来读它，发觉其中有用的部分不超过十分之二三，其他的史书就更不用提了。梁启超更进一步认为，中国的史学知识之所以不能普及，都是因为没有一个良好的史家的缘故。第二是“能因袭而不能创作”。梁启超对旧史家只善于模仿而不善于创新的撰史习惯持严厉批判的态度。他说，《史记》以后的二十一部正史都是在刻画《史记》，《通典》以后的八部类书都是在模仿《通典》，这是奴隶性太深太重的恶果。

在指出中国旧史学存在四大病源和两大弊端之后，梁启超指出旧史还有难读、难别择和无感触三大恶果。这样的史书没有足以激发国民的爱国心，使国民以合群之力团结起来以适应当今世界的时势而自立于世界国家之林的因素。换言之，旧史学起不到激发国民奋起救亡图存的作用。

在对旧史学给予严厉的批判之后，梁启超开始大声疾呼革新旧史学，倡导史学革命。他将史学革命放到了相当重要的地位，他甚至认为史界革命不起，中国就不能得救，“悠悠万事，惟此为大”。

梁启超强调了历史学在民族国家构建中的重要地位。他指出，在西方国家通行的各个学科中，只有史学是中国所固有的科目。史学是极其重要的学科，是最博大、最切要的学问。它的重要作用表现为它是国民的明镜、爱国心的源泉。他认为西方国家之所以进步如此神速，史学的功劳要占一半。中国要建设成一个独立自主的民族国家，要使四万万同胞在世界上强盛起来，国民无论是老幼、男女、好坏都要如渴饮饥食地学习中国历史。梁启超认为，从历史在各学科中的地位、历史学科在国民教育中的意义、历史学科对国家民族文明进步的促进等方面来看，历史都有着重要的作用。

进化论在梁启超的史学观中占有核心的地位。梁启超大胆地将进化论的观点引入历史学领域。他指出历史学就是要叙述进化的现象，而进化就是指事物的变化有一定的次序，从生长到发达，生物界及人世间的现象就是如此。历史学与进化的关系是相当密切的，进化具有往而不返、进而无极的特点，凡是研究此类进化现象的学问即是历史学。凡各种事物，有生长、有发达、有进步的，就属于历史学研究的范畴；不是这样的事物，则不能把它归于历史学的研究领域。他认为即使是中国数千年来号称是良史的史家，对于进化的现象，只是见到而没有明了其中的深意。

梁启超提出了新史学的任务，那就是要叙述人群进化的现象，求得它的公理、公例，以便后人按照公理、公例来增进无穷的幸福。要达到这一目的，就要加强对当代史事的研究，改变传统的厚古薄今的做法。他指责旧史家不能取得史学进步，主要存在两个弊端：一是知道有局部的历史，而不知有自有人类以来全体的历史；二是只知道有史学，而不知道史学与其他学科的关系。

因此，梁启超认为新史学所要书写的历史应该是人群进化现象的历史。要探求进化的史迹，必须到人群中去求得，因为所谓的人类进化，是一群人的进化，而不是一个人的进化，撰述历史最应当注意的东西，只有人群的事迹。作为一个合格的史学家，应该对繁杂的历史现象进行系统的考辨，从过去的进化史推导出未来的进化规律。只有这样，才算是尽到了史学家应尽的责任。要达到这一目的，就不能将史书写成某一姓的谱系，也不能将之写成帝王的家谱、英雄的传记。真正的史书其实应该是“民史”，是书写民众生活以便教育人民的教科书，不能把它弄成帝王将相的纪念碑。梁启超对帝王家谱式的二十四史极尽嘲讽之能事，作了深刻的批判。

梁启超对旧史家褒贬人物的《春秋》笔法和旧的纪年方式也颇有微词，认为其中有很多谬误。他说，《春秋》的写法根本不是褒贬。孔子作《春秋》，是为了改制而自行发表他的政见。还说，《春秋》是经，不是史；是明义，不是记事。对于旧有的纪元方式，他指斥是中国历史的污点。

梁启超对旧史学的揭发和批判颇能切中弊端，他的鼓与呼对于终结封建旧史学、催生新史学起到了重要的作用。但由于时代的局限，梁启超在破旧立新的史学呼吁中也存在一些不足。比如，他反对“帝王中心论”，反对将史书写成帝王的家谱，但他同时又鼓吹英雄史观。他强调进化论在史学中的重要地位，但他所说的进化论含有浓厚的主观色彩。他还从进化论推导出白人优越论，这无论如何都是我们所不能苟同的。但瑕不掩瑜，梁启超对推动新史学在中国的萌芽与发展无疑其功厥伟，值得充分肯定。

构建新史学

梁启超早年即醉心史学，到20世纪20年代，对史学已有一整套见解，这些见解在《中国历史研究法》和《中国历史研究法补编》中作了集中的阐述。

《中国历史研究法》是在1921年秋在南开大学所作讲演的基础上整理而成的。他说中国史料浩如烟海，如果不加整理，就如一堆瓦砾，只觉其可厌；如果有法加以整理，则如有矿之金，采之不竭。学者任意研究其一部分，都可以成为名家，对世界的贡献也可以很大。他立志研习史学超过二十年，所积累的丛稿残篇已有很多，但是不敢自信，迁延很久，没有将成果公之于世。借在南开大学讲演的机会，整理旧识，益以新知，《中国历史研究法》终得成书。

梁启超首先对历史的意义作了概括，指出历史是“记述人类社会赓续活动之体相，校其总成绩，求得其因果关系，以为现代一般人活动之资鉴者也”。其中专述中国先民的活动，供现代中国国民作为借鉴的部分就是中国史。

梁启超列举了中国史的重要项目，总体来说，主要是：

第一，说明中华民族成立发展的事迹，推求其所以能保存盛大的缘故，并且考察它有无衰败的征兆。

第二，说明历史上有哪些民族曾活动于中国境内，汉族与其他民族融合冲突的事迹如何；所产生的结果如何？

第三，说明中华民族所产生的文化以何为基本，它与世界其他部分文化有着怎样的相互的影响？

第四，说明中华民族在全体人类中的位置及其特性，及其将来对于人类所应负的责任。

接着梁启超回顾了中国过去史学的演进情况，指出最初历史的体裁是诗歌，它不依靠记录而依靠记诵。《诗经》中的《玄鸟》《长发》《殷武》《生民》《公刘》等诗篇，大概就是中国最初的历史。

在中国的各种学科中，唯有史学最为发达。最迟到商代时已有了史官。到了周代，史官的职位已有分科，有大史、小史、内史、外史、左史、右史等名目。这些史官所作的历史，都是文句极为简要的编年体，比如《春秋》，每条最长的不过四十余字，最短的仅有一个字。同时，又有一种近似于历史类的书籍，名为“书”或“志”或“记”，如《尚书》。《春秋》《尚书》二书，都可称为古代的正史。春秋战国时，还有《国语》和《世本》，是史学界最初有组织的名著。

梁启超极为推崇司马迁，称司马迁是“史界太祖”，他撰述的《史记》首创纪传体，由十二本纪、十表、八书、三十世家、四十列传组成。本纪以事系年，是仿照了《春秋》的写法。八书详记政制，由《尚书》蜕变而来。十表稽牒作谱，是以《世本》为范本。世家、列传，既有高雅的记载，又有采撷于民间的俗语，这是《国语》的遗规。

司马迁之后，出现了断代史，这始于班固作《汉书》。司马迁作《史记》，班固作《汉书》，范晔作《后汉书》，陈寿作《三国志》，都是私人撰述。《晋书》至《明史》则为官修史书，它的弊端是，仓促地由众人写成，没有时间选择材料是否合适，事情是否得宜，好像在街上招不相干的人来谋划家中的事情。

与纪传体同时兴起的是编年体史书。这种题材的史书一开始也是断代型的，司马光撰《资治通鉴》后有了改变，从《资治通鉴》到《续通鉴》都是以年为主来记事；另有专门讲述典章制度的书。故而梁启超说“有《通鉴》而政事通，有《通典》而政制通”。

总体而言，旧史书有纪传、编年、纪事本末、政书四种体裁，此外还有供人著史材料的书和制成局部的史籍，还有注释、史评的书。

在讲完旧史学后，梁启超笔锋一转，指出中国的史学需要改造。他特别指出，史学范围当重新规定，因为学术愈发达则分科愈精密，许多学科已与历史学分离。现在所需要的历史，应当分为专门史与普通史两个门类。专门史包括法制史、文学史、哲学史、美术史等等，普通史就是一般的文化史。梁启超满怀信心地说，专门史和普通史“分途以赴，而合力以成。如是则数年之后，吾侪之理想的新史或可望出现”。

史料是历史学的基础，梁启超认为时代越久远，史料遗失的就越多，而可征信的就越少。获得史料的途径不外乎两种：一种是在文字记录以外者，另一种是在文字记录中者。前者按史料的性质大略可分为三类，即现存的实迹、传述的口碑和遗下的古物。这些资料，在时间、空间上都要受到限制。后者包含的种类也很繁多，如“旧史”“关系史迹之文件”“史部以外之群籍”“类书及古逸书辑本”“古逸书及古文件之再现”“金石及其他镂文”和“外国人著述”等。论及史料，梁启超产生无限感慨，认为中国公共收藏机关的缺乏是学术不能进步的极大原因。

史料需要搜集，梁启超对搜集资料的方法很注意，说旧史中全然失载或缺略的事实，博擅旁征则能得到意外的发现。同时，史料有被旧史家故意湮灭或错乱其证据的，因此现在的史家最大的责任，就在于搜集各项特别的史料。

史料鱼龙混杂，有真有伪，所以要对史料进行鉴别。鉴别史料的方法，梁启超提出两条：即正误和辨伪。最直接的方法是举出一个极有力的反证。但历史上往往有明知其事极不可信而苦于没有明确的反证来加以反驳的事例。遇到这种情况，要保持怀疑的态度，怀疑的结果，往往产生新理解。同一史迹而史料矛盾的解决方法，论原则，自当以最先、最近者为最可信。他又指出，史料可分为直接的史料与间接的史料，两者当中应以前者为可信，但也有极可贵的晚出或再现的史料，那么后人就来得及看到这样的史料，而前人就无缘得见了。辨伪的方法是先辨伪书，再辨伪事。

史事的论述编排也很重要，史迹复杂，如果不将其眉目理清，那么叙述愈详博而使读者愈不得要领。天下古今，从来没有同铸一型的史迹，读史者在同中观异，异中观同，往往会得到新理解。说明事实的原因结果，是史家诸种职责中最为重要的职责。然而，自然科学中的因果与历史上的因果是有区别的。梁启超对是“英雄造时势”还是“时势造英雄”有所辩驳，他认为“历史即英雄传记”的观念越古越适用，越近越不适用。

《中国历史研究法补编》则成书于五年之后，系由梁启超1926年10月至1927年5月在清华学校所做讲演的记录整理而成。

梁启超在《补编》中开宗明义地讲到，《补编》与几年前所讲的《历史研究法》迥然不同。过去注重通史研究的讲解，此次则注重专史，分总论和分论两个部分。

梁启超先讲了治史的目的，指出其目的在于发掘出过去的真事实的新意义或新价值，以供现代人活动作为借鉴。在求得真事实的方法中，他提出钩沉法、正误法、新注意、搜集排比法、联络法等五个方法。又对予以新意义、予以新价值和提供借鉴作了解释。至于读史的方式，他提出“鸟瞰式”和“解剖式”两种方法。

刘知几有史家三长的说法，梁启超则加以发挥和引申，提出史家要具备四长，即史德、史学、史识、史才。

在分论部分，梁启超对“人的专史”“事的专史”，“文物的专史”“地方的专史”“断代的专史”等五种专史作了详尽的阐释。

关于人的专史，梁启超提出专史有列传、年谱、专传、合传、人物表等五种体裁。他认为应该作专传或补作列传的人物约有七种：一是思想及行为的关系方面很多，可以作时代或学问中心的人物；二是一件事情或一生性格有奇特处，可以影响当时与后来，或影响不大而值得表彰的人物；三是在旧史中没有记载，或有记载而太过简略的人物；四是从前史家有时因为偏见或者因为挟嫌，对于一个人的记载完全不是事实的人物；五是皇帝及政治家，他们的列传有许多过于简略；六是有许多外国人，不管他到过中国与否，只要与中国文化上政治上有密切关系的；七是近代的人学术、事功比较伟大的。但是，也有许多人虽然伟大奇特，但绝对不应作传：一是带有神话性的人物，纵然伟大，不应作传；二是资料太缺乏的人，虽然伟大奇特，也不应当作传。接着，对于作传的方法，包括合传、年谱、专传、人物表等，提出了具体、详尽的看法。

关于文物的专史，梁启超认为应该包括政治专史、经济专史和文化专史三大类。政治专史应该研究民族、政治制度的变迁、中央政权的变迁以及政权的运用。经济专史要讲消费、生产、交易和分配。梁启超对研究文化情有独钟，说文化是人类思想的结晶，思想的发展最初靠语言，接着靠神话，再后才靠文字。思想的表现有宗教、哲学、史学、科学、文学、美术等。他认为文化专史包括语言史、文字史、神话史、宗教史、学术思想史、史学史。

在学术思想史中，他探讨了道术史、史学史、自然科学史、社会科学史。在史学史中，他推崇的人物有三个：刘知几、郑樵和章学诚。

至于文物专史做法，他认为这种专史在专史中最为重要，也最为困难。他认为在做文物专史时要注意：一，文物专史的时代不能随政治史的时代来划分时代；二，文物专史的时代不必具备，普通史要叙述整个时代，文物专史则专看这种文物在某时代最发达，在某时代有变迁，其他时代或没有或无足重轻，可以不叙；三，凡做一种专史，要看得出哪一部分是它的主系而特别注重，详细叙述；四，文物专史又须注重人的关系；五，文物专史要用非常多的图表。

《中国历史研究法》和《中国历史研究法补编》可以说是梁启超多年治史的心得总结。他从早年就关注历史研究，到了晚年才将他一生治史的经验和盘托出。梁启超熟悉中国典籍，又在海外多年，对西方史学思想也耳熟能详，他将两者融会贯通，使这两部著作不乏真知灼见，是他告别政坛回归校园研究历史的精华所在，对今天人们从事历史研究仍有重要的指导意义。

史学研究工作

梁启超不但是史学革命的倡导者，更是新史学研究的力行者。梁启超历史研究的第一个特色是注重历史人物的研究。早在维新变法时期，梁启超就开始撰写人物传记。从 1895 年到 1899 年，他先后写了《三先生传》《记江西康女士》和《殉难六烈士传》等，将传主作为维新变法的楷模加以颂扬。

梁启超 1899 年逃亡日本后，不但没有颓废，反而大量汲取西方资本主义知识，眼界扩大，境界升华，广泛评价古今中外的民族英雄，希图以英雄人物的行为来激励国人救国图强。刚到日本不久，梁启超就先后写了《南海康先生传》和《李鸿章传》，要为维新变法和洋务运动的主帅作一评判。他说，历史人物有应时人物和先时人物之分，康有为就是不可多得的先时人物。他推崇康有为是教育家、宗教家、“现今之原动力将来之导师”，给予了很高的评价。不过有趣的是，梁启超在康有为的传记中并没有对他的老师一味颂扬，而是将他与康有为有分歧的地方也和盘托出。他说，康有为虽称得上大教育家，因为他强调个人的精神和世界的理想，但缺憾也是明显的，那就是他欠缺国家主义精神。梁启超指出其师不足的做法也是日后康梁学派分家的重要原因。

1901 年 11 月李鸿章去世，在日本的梁启超闻讯后当即为李作传。此文并非仅仅是李鸿章个人的传记，而是以李为核心，叙述了 19 世纪下半叶中国的急剧变化，因此此文又名为《中国四十年来大事记》。在文中，梁启超说他“敬李鸿章之才，惜李鸿章之识，悲李鸿章之遇”。显然，梁启超没有简单地将李作为朋友或敌人来描写，而是把李放在这个风云变幻的时代里来评介。他认为李鸿章是时势所造就的英雄，是中国近四十年来第一流的紧要人物。李鸿章最后一无所成，梁启超认为这是由于李“不学无术”，即眼光不行，他不识国民的原理，不通世界的大势，不知世界的本原。在那个竞争进化的世纪，只知道弥缝补苴，苟且偷安，不致力于扩充、培养国民的实力，置国家于威德完盛的地位，而仅仅拾得西方各国的皮毛。至此，梁启超对洋务运动代表人物的评介已溢于言表，已清醒地看到洋务运动失败的症结所在。

为了振衰起蔽，梁启超翻检古籍，将历史上有作为的英雄人物的壮举展现在人们的面前。梁启超对具有开拓精神的历史人物情有独钟。1902 年至 1905 年，他先后撰写了《张博望班定远合传》《黄帝以后第一伟人赵武灵王传》《中国殖民八大伟人传》《祖国大航海家郑和传》等。

梁启超历数了张骞、班超通西域的功绩，说他们是千古的好男儿、世界的大英雄；称赞赵武灵王是赵国的彼得大帝，指出赵武灵王克服阻力，推行胡服骑射，内自强而外击异族，开疆扩土，其丰功伟绩，即使是德皇威廉二世，也要瞠乎其后了。追往抚昔，真是无限感慨，无怪乎梁启超把他视为黄帝以后的第一伟人了。梁启超还记叙了明清以来迁居南洋诸岛，击败当地土著而称王的八位华人的事迹，认为这是中国人可以引以为自豪的事；大航海家郑和下南洋的事迹梁启超更是念念不忘，他厘清了郑和下南洋的航海路线和所经之地，对华人移居南洋诸岛给予高度评价。

晚清中国处于被动挨打的地位，梁启超对此非常愤懑。他借保家卫国英雄的事迹来鼓舞人们的斗志，为此，他创作了《袁崇焕传记》，视其为明末最重要的人物。该传歌颂了袁崇焕受命于危难之时，戍守辽东，顽强抗击清兵南下的英勇事迹；对明末统治者腐败无能，互相倾轧，竟至听信谗言，自毁长城，自取灭亡的可悲行径表示了极大的愤慨。

梁启超并没有将目光仅仅局限于中国的历史人物，他还为一大批具有开创精神的西方资产阶级代表人物写了传记，如噶苏士、意大利三杰（玛志尼、加里波的、加富尔）、罗兰夫人、克伦威尔等人的传记。在《匈牙利爱国者噶苏士传》中，梁启超誉噶苏士为“近世第一大奇人”，他的理想、气概、言论、行事可以为黄种人所效法，可以为专制国家的人民所效法。在《意大利建国三杰传》中，梁启超指出中、意两国有着相似的历史文化传统，意大利英雄驱逐外族统治者统一意大利的行动可以为中国人摆脱满人统治做榜样。在《罗兰夫人传》中，梁启超尊崇罗兰夫人为“法国革命之母”，但他又从改良主义的一贯立场出发，对革命方式不予苟同。在《新英国巨人克伦威尔传》中，梁启超视克伦威尔为实现君主立宪政体的民族英雄，由于与自己的政治理念契合，所以对他赞誉有加。梁启超之所以要满腔热情地歌颂这些异域的英雄，就是要将他们介绍给国人，激励国人为中华民族的振兴作贡献，用心可谓良苦。

1905年至1906年，梁启超与革命派展开了论战。论战结束后，他写了《王荆公》和《管子传》两部著作。这是两部改革家的传记。《王荆公》写于 1908 年，十五万字，是梁启超所作传记中篇幅最长的一个。《管子传》作于 1909 年，近六万字。梁启超说他自己一向喜欢谈政治，又是维新变法的实际参与者，因此在这两部传记中他不自觉地把王安石和管子打扮成维新派的样子，文中颇多比会之处。其实这也反映了他由一度倡言革命又退回到改良立场的心境。在两书的例言中他开诚布公地说要“以发挥荆公政术为第一义”“以发明管子政术为主”。王安石和管子在传统史书上的评价都不高，王安石尤其如此，梁启超作的却是翻案文章，对他们赞誉有加，甚至称王安石是三代以下唯一完人，说他适应时代的要求而补救弊病的变法思想即使传到现在也不能废弃，这种思想至今在东西方各国仍行之有效。他叙述了“荆公之时代”“执政前之荆公”，表明他对变法以谋救国的赞同。他夸赞了王安石的政术、武功、政绩，似乎是在和百日维新的破旧立新作对比。他书写“罢政后之荆公”和“新政之阻挠及破坏”，折射出他对戊戌变法失败后新法尽废的痛惜之情，也隐约流露出清末实行新政他未得以施展拳脚的落寞之情。对于管子这个春秋时代的大政治家，梁启超认为他的地位还在王安石之上，是中国最大的政治家，也是学术思想界的巨子。管子的国家思想、法治精神、地方制度和经济竞争四大治术值得大书特书。管子遭后人疵议是由于孟子对他有所非议的缘故。

民国肇建，梁启超归国，以极大的热情投入政治生活。当一切努力只结出无花果后，梁启超失望至极，又退回到校园和书斋干他所熟悉的老本行。在人物传记方面，他为孔子、陶渊明、朱舜水、辛弃疾、戴震等中国文化名人写作传记和年谱。这时的梁启超已不是人们翘首以盼的流亡斗士，而是一个在政治斗争中失败的过时政客。恰逢此时，第一次世界大战结束，梁启超漫游欧洲大陆，目睹了现代残酷战争的严重破坏和摧残，对一心向往的西方文明开始动摇。当时“西方没落”论甚嚣尘上，梁启超在此风潮之下也将目光转向了中国传统文化，于是这一系列文化名人进入了他的视野。尽管古今研究孔子的著作已汗牛充栋，他也没有放过对孔子的研究。他虽然对孔子的理想主义和中庸之道有所批判，但却给孔子戴上了教主、学问家、教育家、宗教家、政治家的桂冠，说孔子是中国文化的唯一代表，把孔子列为世界伟人传的第一编。他对孔子的核心思想作了推陈出新的解释，说“天下为公，选贤与能”就是民主，“讲信修睦”就是和平主义。梁启超对戴震也格外看重，说他是科学界的先驱者、哲学界的革命建设家。他对陶渊明、辛弃疾、朱舜水等文化巨擘的评价也很高。他在晚年可以说是痴迷于中国文化名人的研究，辛弃疾年谱甚至成为他的绝笔。

可以看出，梁启超的历史人物研究与他政治思想和活动的变化息息相关，一时有一时的兴趣，一切为现实服务，反映了鲜明的时代特色。他反对帝王史观，反对把历史写成帝王的家谱，他研究历史人物所秉持的历史观是英雄史观。他指出：“罗素曾言：‘一部世界史，试将其中十余人抽出，恐局面或将全变。’此论吾侪不能不认为确含一部分真理。试思中国全部历史如失一孔子，失一秦始皇，失一汉武帝，……其局面当何如？佛学界失一道安，失一智𫖮，失一玄奘，失一慧能，宋明思想界失一朱熹，失一陆九渊，失一王守仁，清代思想界失一顾炎武，失一戴震，其局面又当何如？其它政治界、文学界、艺术界，盖莫不有然。”但是，梁启超笔下的英雄并不只是我们寻常理解的纵横捭阖的人物，而是只要有可圈可点之处即是英雄，《三先生传》《记江西康女士》《中国殖民八大伟人传》的传主都不是传统意义上的英雄，有的地位还很低下，但梁启超也为他们写传，这反映了梁启超作传的标准是是否有利于鼓舞国人奋发自强，救国救民。这种史观，无疑是进步的。

梁启超历史研究的第二个特色是注重学术史研究。中国传统的学术史研究，主要形式有传记体、书志体、类传体等；明末黄宗羲撰《明儒学案》则首开学案体。在学术史分期上，早先基本上以朝代的先后为序，宋明以后则以理学家“闻道”的早晚为序。戊戌维新以后，学界强烈呼吁“采西学新说”，用新史学观念来建构中国学术史的体系。梁启超是新史学的身体力行者，于1902年撰写《论中国学术思想变迁之大势》。他不再按传统的方法来书写学术史，而是以历史上学术思想的发展变化流程为标准，将中国学术史划分为七个时期：一，春秋以前为“胚胎时代”；二，春秋末至战国为“全盛时代”；三，两汉为“儒学统一时代”；四，魏晋为“老学时代”；五，南北朝、唐为“佛学时代”；六，宋、元、明为“儒佛混合时代”；七，清以来二百五十年为“衰落时代”。并乐观地预言，他所处的时代将为中国学术的复兴时代。可以看出，进化论是梁启超划分中国学术时代的依据。

梁启超注重“公例”的作用，他表示，大凡两种异性的事物相结合，其所得的结果必定是良好的。中国在战国的时候，南北方两种文明初次相互接触，古代的学术思想达到全盛；到了隋唐的时候中国文明与印度文明相接触，中世纪的学术思想于是大放光明。

“胚胎时代”，即黄帝、夏禹、周初和春秋时代的学术思想，是中华民族一切道德、法律、制度、学艺的源泉，在天道、人伦、天人相与之际方面影响深远。构成此思想有两个原因：一是天然方面，即地理现象的影响；二是由于人为，即民族特性的影响。在这一时期，祝（掌天事者）、史（掌人事者）掌握学术的关键。

春秋末到战国是中国学术的“全盛时代”，学术思想勃兴的原因有七点：一，由于此前学术思想蕴蓄的丰富；二，由于社会急剧变动的刺激；三，由于思想学术的自由；四，由于交通的频繁；五，由于人才的见重；六，由于文字的趋简；七，由于讲学之风盛。

战国百家争鸣，梁启超以南北区分学派，以老学为代表的南派，后来演变为楚文化；而以孔学为代表的北派，后来演变为汉文化。南派以老子为正宗，庄子、列子、杨朱为门徒，许行、屈原为支流；北派以孔子为正宗，孟子、荀子为门徒，又有管子、邹衍等齐派，申不害、商鞅、李悝、韩非等秦晋派，墨翟、邓析、慧施等宋郑派。两派分化为三宗，即老学、孔学、墨学；三宗最后又演变为六家，即阴阳家、儒家、墨家、名家、法家、道家。

两汉为“儒学统一”时代，对于儒学的统一，梁启超颇不以为然。他认为，儒学统一不是中国学界的幸事，而实是中国学界的大不幸。中国学术之所以不进化，唯一的原因是宗师一统的缘故。这种机运起于秦汉之交，秦汉之交实是中国数千年的一大关键。

在分析儒学统一的原因时，梁启超认为既有他动力，又有自动力。他指出秦汉学术的进步源于自动力，儒学统一的时代的学术退步由于他动力。儒学统一局面的形成，是由于帝王出于禁锢言论、思想自由而提倡的结果。另一方面，儒学与其他学术思想相比，更能适应专制统治的需要，为利隐蔽但长远，流弊也较少，与民言服从，与君言仁政，“其道可久，其法易行”，“教竞君择，适者生存”，符合进化论的原理。儒学统一还有两个“自动力”：一是儒学用于创造的地方已少，思想体系具有包容性；二是以用世为目的，以革君为手段，实是与帝王相依附而不可分离的学说，所以其他的学说都中道断绝了，而儒学独被提倡。

梁启超将儒学统一之际细分为萌芽、交战、确立、变相以及极盛四个时期，指出孔学本有微言、大义两派，汉儒则有说经、著书之儒的区分。至于儒学统一的结果，梁启超指出各有好坏两个结果，好的结果是节盛而风俗美、民志定而国小康，坏的结果是民权狭而政本不立、一尊定而进化停滞。

魏晋为“老学时代”，这是中国学术思想史上最为衰落的时代，是怀疑主义、厌世主义、破坏主义、隐诡主义盛行的时代，也是儒、佛两教的过渡时代。对训诂学的反动力、曹操提倡恶俗、杀戮过甚人心惶惑、天下大乱民苦有生是儒学衰落的原因。在此背景之下，权势、道德全不可凭仗，于是老学兴盛起来。老学分玄理、丹鼎、符箓、占验四派。

说南北朝、隋唐是中国学术思想最衰的时代，是从儒学方面来讲，如从另一方面来看，这却是中国的佛学时代。中国佛学的特点是分成了若干宗派，其中属于小乘教的有俱舍宗、成实宗，属于权大乘教的有律宗、法相宗、三轮宗，属于大乘教的有华严宗、天台宗、真言宗、净土宗和禅宗。中国佛学有着鲜明的特色：第一，自唐以后，印度无佛学，其传皆在中国；第二，诸国所传佛学皆小乘，唯中国独传大乘；第三，中国的诸宗派，多由中国自创，非袭印度的唾余；第四，中国的佛学，以宗教而兼有哲学之长。

宋元明时代未论。近世的学术梁启超分永历康熙间、乾嘉间和最近世三期加以论述，是他以后论述清代学术思想的滥觞。

尽管梁启超对中国学术史有着总体的看法，但对于变幻多姿的中国学术发展史，他特别注重它的首尾。首即先秦，尾即清代。在梁启超看来，先秦学术思想文化是中国两千年文化发展的滥觞，如果研究过去的政治思想，仅拿先秦做研究范围，也就差不多了。

梁启超很早就已涉足先秦思想史这一研究领域，维新时期他写了《读春秋界说》《读孟子界说》。1904 年写了《子墨子学说》，20 世纪 20 年代后他专注文化，先后写了《老子哲学》《孔子》《墨经校释》《老孔墨以后学派概观》《墨子学案》《先秦政治思想史》《荀子评诸子汇释》《庄子・天下篇释义》《韩非子・显学篇释义》等文章，较为系统全面地研究了先秦的学术思想。其中发表于 1922 年的《先秦政治思想史》是其先秦思想史研究的代表作。

梁启超认为，中国没有希伯来、印度的宗教观念，也没有多少近代欧洲纯客观的科学，希腊、罗马的形而上学中国有而不昌盛，但中国学术思想仍可占有一席之地，因为它以研究人类现实生活的理法为中心，即以研究人生哲学和政治哲学为中心。春秋战国以来，学术兴旺，百家争鸣，各家所言，都可以归结到政治方面。争鸣的思想流派虽然很多，但影响深远的只有儒、墨、道、法四家，它们的思想，都盘桓在“礼治主义”“人治主义”“无治主义”“法治主义”四大潮流之中。

基于这种认识，梁启超虽然开篇谈到了天道、民本、宗法、封建、阶级、法律等问题，后面又谈到了统一、寝兵、教育、生计、乡治、民权，但核心是谈儒、墨、道、法四家的区别和优缺点。

谈到儒家，梁启超认为，儒家学说不仅包含“人治主义”，而且也包含“礼治主义”。儒家思想的核心是“仁”，仁者，爱人，“仁”是儒家政治和伦理思想的出发点与归宿。儒家的政治理想，是希望在上有圣君贤相，施行仁政，移易天下，它讲究“正名”，即确定社会秩序，这是“人治主义”；同时，儒家谈论政治，其唯一的目的和手段，不外乎提高国民的人格，使人民成为向善的国民。儒家是崇尚贤人政治的，但它并不仅仅依靠一两个贤人，它最终的目的是要把全社会的人都造就成为贤人，就是以养成国民人格为政治上的第一义。这是“礼治主义”，即儒家政治理论的根本所在。梁启超当然也意识到，“礼”在很大程度上是由历史上传统的权威积渐而成的，绝对的奉行“礼治”有可能对社会的进步有所妨害，但儒家主张“礼治”的寓意，是要把每个人都培养成君子的行为，这带有完善人格的用意，在一定程度上弥补了自身缺陷。

如果说儒家的中心是人，那么道家的中心则是自然界，人类社会与自然界是一样的。道家认为“道”先天存在且一成不变，所以“人法地，地法天，天法道，道法自然”。道法自然，就不能有所追求，对人类的欲望和创造精神就要采取排斥和压抑的态度，主张“无为”“不争”。这就形成了政治上的“无治主义”。

道家学说的最大缺陷是把人与物同视，“天道”与“人道”截然对立，将自然界中的规律生搬到人类社会中。但它也不是一无所成，它的价值在于它主张抛弃卑下的物质文化，去追寻高尚的精神文化。道家摒弃文明也有一定的合理性，因为它看到大部分文明都是拥护强者利益的工具。

梁启超对墨家的思想颇为欣赏。他指出墨家思想学说的核心是“兼爱”，其陈义不可谓不高，反映了人类的最高理想。备受人们推崇的“非攻”是从“兼爱”的思想直接演化而来的。古今中外的哲人中，同情心深厚，义务观念强大，牺牲精神丰富，除基督之外，也就是墨子了。墨家还主张“非乐”，拒绝享乐。这是“人治主义”，或可称为“新天治主义”。

法家成为一个系统的学派为时较晚，但其政治思想的主要内容“法治主义”的起源却很早，春秋时期有管仲、子产、范蠡，战国时有李悝、吴起、申不害、商鞅。其学说是取儒、道、墨三家的一部分为先导。法家主张在历史上起过积极的作用，秦国的强盛，秦汉四百余年的良好发展，有赖于法治的建立。但法家的主张是有缺陷的，它虽然将法律置于崇高的地位，但却没有想到为法治设立基本的保障，在立法权上不能正本清源。它相信法律的绝对权威，但由于法律出自君主，所以他们鼓吹的“君主当设法以自禁”是不可能实现的，因为君主具有翻手为云，覆手为雨的力量，所造就的结果不是法律万能，而是君主万能，这是法家学说走进死胡同的原因所在。

梁启超对先秦学术思想尤其是儒、墨、道、法家的分析条理清晰，丝丝入扣，给人以很大的启迪。

梁启超对清代学术史的研究用功更勤，取得的成绩也更大。他研究清代学术史最早的成果是撰写于 1904 年的《近世之学术（起明亡以迄今日）》。该书阐述了清代学术史的分期、西学对学术的影响、各阶段主要特点、代表人物及清代学者治学精神与方法，奠定了其后研究清代学术史的基础。该文还论述了清代学术史的四个阶段，即顺康间、雍乾嘉间、道咸同间、光绪间。作者勾勒了清代学术史的轮廓，第一阶段是程朱陆王问题，第二阶段是汉宋学问题，第三阶段是孟荀、孔老墨问题。对清代学术的总体评价是：述而无作，学而不思，是思想最衰的时代。

梁启超系统研究清代学术是在 20 世纪 20 年代，他撰写了两部著作，即《清代学术概论》和《中国近三百年学术史》。《清代学术概论》是梁启超于 1920 年初旅欧回国后写的，原题《前清一代思想界之蜕变》。当时，他的学生蒋方震写了《欧洲文艺复兴史》一书，请梁启超为之作序。梁启超觉得，泛泛为一序，无以益其善美，不如取中国历史中类似的时代相印证，从中比较彼我短长，吸取历史的经验教训。于是，他借题发挥，对比中西文化，对中国近三百年来的学术史作了一番议论。梁启超文如泉涌，一气呵成，仅用了一个星期，就写出了五万多字，与蒋著的篇幅差不多，已无法再作为序文放在蒋著的前面，只好独立成书。后名曰《清代学术概论》。梁启超反过来又请蒋方震为他的书写序，成为学术史上的一段佳话。

《清代学术概论》是一部纲要式的论著，所重在“论”，即侧重于清代学术发展演变过程的整体考察，系统地评述了明末至清末两百多年中国学术思想的发展概况。全书共三十三节。梁启超强调了“时代思潮”演变的重要作用，认为自秦以后，在学术上真正能称得上时代思潮的，不过是汉代经学、隋唐佛学、宋明理学和清代考证学而已。梁启超依佛教一切流转相照例都分为生、住、异、灭四期的理论，将清代学术思想的发展流变分为与之相对应的启蒙期、全盛期、蜕分期、衰落期四个时期。

梁启超认为，清代的思潮，简单来说就是对宋明理学的一大反动，而以“复古”为其标志。其动机及内容，都与欧洲的“文艺复兴”很相似。

“启蒙期”为清初数十年间，代表人物有顾炎武、胡渭、阎若璩。此时正值晚明王学极盛而弊之后，学者习惯于“束书不观，游谈无根”，理学家不再能维系社会的信仰。顾炎武等乃起而加以矫正，大力提倡“舍经学无理学”，学者脱离宋明儒学的羁绊，直接返回到古经处探求。顾炎武为有清一代学风的开创者。作为启蒙学者，造诣不必极精深，重要的是能够规定研究的范围，创革研究的方法，而以新锐的精神加以贯彻。顾炎武“经学即理学”一语开出了有清一代的学风，使有清一代学术获得了新生命。文中肯定了顾炎武创造的治学方法：贵创、博证、致用。

梁启超对阎若璩的《尚书古文疏证》和胡渭的《易图明辨》之所以能产生巨大影响的原因作了阐释。他认为阎若璩考证出千余年来已经被神圣化了的儒家经典《古文尚书》《尚书传》为伪书，是令人惊愕的伟大的壮举，此后一切经文、一切经义都可以成为研究的问题了。胡渭的《易图明辨》辨出《河图》《洛书》传自邵雍，与《周易》无关，使宋学与孔学各自的内容泾渭分明。阎若璩开疑经之风，实为思想界的一大解放；胡渭的《易图明辨》触动了宋学的根本，使宋学受到致命一击，为思想界一大革命。

此外尚有颜元、李塨一派，黄宗羲、万斯同一派，王锡阐、梅文鼎一派。此期的“复古”，可谓由明以复于宋，且渐复于汉唐。

概言之，此期学术开始呈现出四个发展方向：第一，因矫晚明不学之弊，学者专门读古书，因不容易理解，于是先治训诂、名物、典章制度这些学问，考证学由此应运而生；第二，当时的学问大师如顾、黄、王等人，都是明朝遗老，对社稷之变含有隐痛，志图匡复，好研究古今成败之迹、地理山川形势以及其他经世致用的学问；第三，明末天主教士利玛窦等输入西学，使研究学问的方法发生一种外来的变化；第四，在学风由空返实的情况下，学者求实的路径因地理方位的差异而趋向不同：南方人明敏有条理，故向“著作”方向发展；北方人朴实坚韧，故多朝“力行”方向发展。到了此期之末，由于文字狱渐兴，加之一些学者“陈义甚高”，和者盖寡，除“正统派”（考证学）得以充分发展外，其他各派的学术都未能昌盛甚至中绝，成为清代学术发展史上的一大憾事。

清代学术的“全盛期”约当乾、嘉两朝数十年，其全盛期的代表人物有惠栋、戴震、段玉裁、王念孙、王引之。启蒙派与正统派不同的地方有：一，启蒙派对于宋学，部分猛烈攻击，而仍因袭其一部分；正统派则自固壁垒，将宋学置之不议不论之列。二，启蒙派抱通经致用的观念，故喜言成败得失经世之务；正统派则为考证而考证，为经学而治经学。

梁启超将考证学视为清代学术的“正统派”，称之为“清学”，认为在全盛期考证学已占领全学界。此期治学的根本方法是“实事求是”“无征不信”。但“清学”主要体现在戴震一派，惠派可称之为“汉学”，戴派则可称之为“清学”而不是“汉学”，正统派的盟主必主推戴震。

梁启超揭示了吴皖两派治学方法的不同。惠栋为吴派的代表人物，吴派（惠派）的治学方法是“凡古必真，凡汉皆好”，所以惠栋派既确立了“汉学”的地位，同时又有痼疾：凡学说出于汉儒的首遵守，有敢指斥的，则视为信道不坚定。而且顽固、盲从、褊狭、好排斥异己，导致启蒙时代的怀疑的精神和批评的态度几至夭折。皖派（戴派）的代表人物是戴震，戴震治学“不以人蔽己，不以己自蔽”，“实事求是”“空所依傍”，堪称清学治学思想的代表，继承了顾炎武的治学态度，采取了不盲从前人或权威定论的论证方法。梁启超认为这种方法是科学的研究方法。他指出，惠栋仅是“述者”，而戴震才是“作者”，认为戴震的精神才真正代表了“清学”的精神。

清代学术的“蜕分期”约当道光至光绪这数十年，其代表人物为康有为、梁启超。就学术特征而言，“蜕分期”乃是“全盛期”的蜕变与分化。康有为集诸家学说之大成，严划古今文的分野，宣称古文经传都是刘歆的伪造，创“孔子改制”学说，对于数千年经籍谋一突飞的大解放，以开自由研究之门。康有为所著《新学伪经考》《孔子改制考》《大同书》是三部惊世骇俗的学术著作。《新学伪经考》好像是“飓风”，此书一出，清学正统派的立脚点根本动摇，一切古书都需重新检查估价；《大同书》和《孔子改制考》好像“火山大喷火”“大地震”，其对学界的影响是无法估量的。

梁启超在高度颂扬其师康有为的同时，也直言不讳地指出了康有为治学的缺点：“有为以好博好异之故，往往不惜抹杀证据或曲解证据，以犯科学家之大忌。有为之为人也，万事纯任主观，自信力极强，而持之极毅。其对于客观的事实，或竟蔑视，或必欲强之以从我。”

他指出，中国思想的痼疾，在于“好依傍”和“名实混淆”。援佛入儒、好造伪书，都属于这种情况。以清儒论，颜元思想本接近墨家，却偏偏自称出自孔子；戴震思想颇有近世平等意识，也自称出自孔孟；康有为的大同思想，本属空前创获，也不敢不说出自孔子。此病根不除，则思想终无独立之望。传统思想中的“奴性”在当时表现最明显的就是康有为揭橥的“保教说”，梁启超对此颇不以为然，不顾师生的面子，屡起而驳之。

梁启超对自己的评价也极坦率，论及自己的文字，称“条理明晰，笔锋常带情感，对于读者，别有一种魔力焉”，认为自己是晚清“今文学派”热烈的宣传者，自己作为“新思想界的陈胜”，破坏力虽不小，建树却不多。晚清思想界粗率浅薄，他也有责任。在思想上，保守性与进取性相互交织，随感情而发，论点往往前后矛盾，曾经自称“不惜以今日之我难昨日之我”，以致引起世人的责难，其言论的效力也往往相互抵消。在治学上，爱好广泛而芜杂，每一学科稍有涉猎，便加论列，故其所论著，多模糊、笼统之谈，甚至全然错误，及其发现而自谋矫正，则已前后矛盾了。

清代学术的“蜕分期”同时也就是它的“衰落期”，衰落的原因有三个：一是其学之荦荦大端，已为“顾阎胡惠戴段二王”诸前辈发挥殆尽，后人难以为继；二是后学之人逐渐养成了一种“学阀”观念，今古文之争，两派互相丑诋，缺点暴露无遗；三是近代西学东渐，学者逐渐意识到死守旧学非长久之计，于是相继弃之而去。此期产生了俞樾、孙诒让等学术大师。

对于清代学术的流变，梁启超归纳为：纵观二百余年之学史，其影响及于全思想界者，一言蔽之，曰“以复古为放”。

第一步，复宋之古，对于王学而得解放；第二步，复汉唐之古，对于程朱而得解放；第三步，复两汉之古，对于许郑而得解放；第四步，复先秦之古，对于一切传注而得解放。

梁启超对地理学、金石学、校勘学、辑佚学、天算、经史考证、佛学等也有专门论述。金石学在清代已彪然成为一门科学。中国士大夫喜好天文算学之风，始于明代学者徐光启以后，清初梅文鼎、黄宗羲、江永等皆加以提倡，一时蔚然成风。佛学则为思想界的一支伏流。

梁启超对清代学术在中国学术史上的地位以及学术发展趋势提出自己的见解，认为有清一代的学风，与欧洲文艺复兴时代相类似的地方很多。中国文化将在考据学、佛教哲学、经世致用、文学美术、中华国学等方面发扬光大。

梁启超还提出研究学术的三条建议：第一，有所专精；第二，分业发展，分地发展；第三，学问多元发展，不可追求思想统一。

《清代学术概论》系统全面地总结了清代二百余年学术思想发展的历史，在对有清一代学术思想发展演变的过程作一鸟瞰式考察的基础上，清晰地勾勒出清代学术发展的脉络。梁启超的学术研究，没有门户之见，严于解剖自己，不虚美，不隐恶，实事求是，客观公允，至今仍有极大的学术价值。

《中国近三百年学术史》一书是梁启超继《清代学术概论》之后，于 1923 年至 1925 年间撰写的又一部关于清代学术发展史的著作，原是他在南开大学和清华大学教授中国学术时编写的讲义。《中国近三百年学术史》侧重于“史”，以十六讲、二十六万余字，论述了清代学术变迁与政治的影响、清初各学派建设及主要学者成就、清代学者整理旧学的总成绩三个大问题。该书延续了《清代学术概论》的思路，堪称《清代学术概论》的姊妹篇。

梁启超认为，清代学术的发展演化有着深刻的政治原因。他指出，从明季至清末，中国学术界经历了从“经世致用”到“为学术而学术”，再回到“经世致用”的曲折发展历程。这受到政治形势变化的影响。清初陆王心学的衰落和“经世致用”思潮的产生，主要是由于明王朝这一汉族政权的灭亡和满族政权的建立，给汉族知识分子以严重的刺激，唤起国民痛切的自觉，引起他们对明代空疏之学的“反动”。学者们认为明朝灭亡是他们的大耻辱、大罪责，于是抛弃明心见性的空谈，专讲经世致用的实务。他们不是为学问而做学问，是为政治而做学问。尽管复明失败，但他们仍然不肯和满族统治者合作，宁可继续从事经世致用的学术，求得改变学风以收将来的效果。康熙以后，学风逐渐向“为学术而学术”的考据学转化，这是因为社会形势发生了变化。清初的学者讲求经世致用之学，本来预备推倒清朝后施行，但发现清朝不是一时推得倒的，在当时政府之下实现他们的理想政治基本无望。更主要的是，谈到经世，不能不议论时政，开口就触忌讳，经过几次文字狱之后，人人都有戒心。另一方面，社会日趋安宁，人人都有安心求学的渴望，又有康熙极力提倡，所以这个时候的学术界，忌于主政者干涉人民思想，学者的聪明才力，只好全部用去注释古典，于是考据学兴起。咸同以后，乾嘉学风衰颓，今文经学勃兴。其根本原因，是由于清王朝走向没落，政府钳制舆论的权威减弱，再加上西学的输入，经世致用思想得以复活。清朝考据学畸形发展，自然科学却未能发展，其原因就在于选拔人才的八股科举制度不良。

梁启超提出著学术史有四个必要条件：第一，叙一个时代的学术，须把那时代各重要学派全数网罗，不可以爱憎去取；第二，叙某家学说，须将其特点提挈出来，令读者有很明晰的观念；第三，要忠实传写各家真相，勿以主观上下其手；第四，要把各人的时代和他一生经历大概叙述，看出那人的全人格。

本着这四条原则，梁启超对有清一代学术史上的学派及其代表人物进行了全面、系统、客观的评价。他指出，在清初，黄宗羲、孙夏峰、李二曲、王学家、李穆堂等一大批思想家是阳明学派的余波，并对这一学说作了修正。顾炎武、阎若璩、胡渭等是清代经学的建设者。王夫之、朱舜水堪称“两畸儒”，对他们的思想、事功、节操专门加以述评。万斯同、全祖望、章学诚等是在史学上很有建树的人物。张履祥、陆桴亭、陆陇其、王懋竑属程朱学派及其依附者。颜元、李塨等人属于实践实用主义者。王锡阐、梅文鼎等精于历算，带来了科学的曙光。对于清代以戴震为代表的考证学和后期的今文经学，则因学者和学术成果众多，难以一一计数，梁启超就在“清代学者整理旧学之成绩”的标题下，按经学、小学及音韵学，校注古籍、辨伪书、辑佚书，史学、方志学、地理学及谱牒学，历算学及其他科学、乐曲学等学术门类对重要人物的重要成果加以评述，对一般人物的一般成果略提。梁启超总计介绍和评述了清代学者六百余人和著作千部，这样就突破了“学案体”的局限，全面、客观、真实地反映了清代学术发展的面貌。

梁启超认为，乾嘉学派所做的工作最少有一半白费，但他们的研究精神和方法确有可取之处。他推崇清代学者的“疑古”和“实事求是”的精神，指出学问的最大障碍物是盲目信仰，因为凡信仰的对象，照例是不许人研究的。新学问发生的第一步，是要将信仰的对象变为研究的对象。

关于清代学者的治学方法，他介绍了以本书解本书法、辑佚书的方法、校勘古籍之法、辨伪之法。清儒的校勘法是：拿两本对照，或根据前人所征引，记其异同，择善而从，即凭善本来校正俗本；根据本书或他书的旁证、反证，校正文句的原始讹误，若本书无别的善本，他书的同文便是本书绝好的校勘资料，或从本书所用语法、字法，前后文义，以意逆志；发现著书人的原定体例，来刊正全部的通有讹误，这是较前二种更高级的校勘法，是一种把现行本未紊乱未改动的部分进行精密研究，求出本书著作义例，然后据以裁判全书，纠正其违例混乱之处，根据别的文献资料，校正原著之错误或遗漏等。辨伪之法也很多，从著录传授上检查，先秦书不见《汉书·艺文志》，汉人书不见《隋书·经籍志》，唐以前书不见《崇文总目》，便十九靠不住；从本书所载事迹制度或所引书上检查，如书中事迹记载，文句出现前人引后人的，必伪；从文体及文句上检查，文体各时代不同，多读书的人一望便知从思想渊源上检查，各个时代有各个时代的学术思想，作伪的瞒不过明眼人；从作伪所凭借的原料上检查，从原书佚文佚说的反证上检查，若从别书发现所引原书佚文为今本所无，便可知今本靠不住，等等。

《中国近三百年学术史》是具有开创意义的学术史著作，以比《清代学术概论》更大的篇幅叙述了清代的学术史。

第 9 章

梁启超的佛学思想

梁启超不是一个对宗教特别痴迷的人。但在各种宗教中，他比较推崇佛教。

梁启超最早接触佛教，应该是在跟随康有为学习的时候，但钻研不深。康有为在《大同书》中曾盛赞佛学博大精深，梁启超说他自己夙根浅薄，没有接受多少。

1895 年投身维新变法以后，他结识了许多好佛之士，其中以谭嗣同为最重要。1896 年，谭在北京与梁启超结识。同年夏，谭到达南京，从杨文会研习佛学。谭嗣同此时撰写了《仁学》，提出佛教最大，儒教次之，基督教为小。谭和其他人影响了梁启超，他开始钻研佛典。

1902 年，梁启超撰写了《论佛教与群治之关系》一文。他认为，今后中国有无前途关键在于有无信仰，而信仰一定根植于宗教。他总结佛教具有六大优点：佛教的信仰是智信而非迷信，兼善而非独善，入世而非厌世，无量而非有限，平等而非差别，自力而非他力。

1918 年，梁启超从林宰平修习净土宗。1921 年，他到南京东南大学讲学，到金陵支那内学院听欧阳竟无讲解唯识等大乘经典。他赞叹道："听欧阳竟无讲唯识，方知有真佛学。"

梁启超1920年游历欧洲回国后，立志要编著一部中国佛教史。为此，他系统地研读了大量佛经，陆续写出了一批佛学研究的论文（三十余篇），对佛教文化作了较为全面和系统的论述。梁启超逝世后，上海中华书局于1932年出版了《饮冰室合集》，其中，《专集》第十四、十五册收录了梁启超的佛学文章十八篇。1936年，中华书局又将这些文章从《专集》中抽出，编为单行本刊行，即《佛学研究十八篇》。

《佛学研究十八篇》包含的文章有：《佛教之初输入》《中国印度之交通》《翻译文学与佛典》《佛教与西域》《佛典之翻译》《读〈异部宗轮论述记〉》《说〈四阿含〉》《说〈六足〉〈发智〉》《说〈大毗婆沙〉》《读〈修行道地经〉》《〈那先比丘经〉书》《中国佛法兴衰沿革说略》《印度佛教概观》《佛陀时代及原始佛教教理纲要》《又佛教与西域》《佛教教理在中国之发展》《佛家经录在中国目录学之位置》《见于〈高僧传〉中之支那著述》。所收文章的起止年代，从1920年至1925年，是梁启超晚期的佛学代表作。

梁启超佛学研究的精粹在于，从史学的角度来探讨佛学渐次发展的历史，对中国佛教的兴衰流变以及相关事项作了系统、清晰的阐述。具体内容包括：佛教的产生、原始佛教的基本教理、佛教在印度的产生及印度境内佛教宗派的分布情况、中印之间的交通、佛教东渐的路线、西域来华的译僧、西行求法的古德、佛教输入中国的年代和地点、各种佛教重要典籍的辨伪、中国佛教的兴衰沿革、佛经翻译的演进、佛教经录的地位以及佛教对中国传统文化的影响等。

在佛教哲学方面，梁启超早年推尊佛教的“三界唯心”说，认为“豪杰之士”之所以没有大惊、大喜、大苦、大乐、大忧、大惧，就是因为他们懂得“三界唯心”的真理。晚期，他认为佛家所讲的法“就是心理学”。1923年初，他在东南大学讲学时曾说，他的人生观的来源即是佛经及儒家经典。他甚至声称佛教是“全世界文化的最高产品”和“我们国学的第二源泉”。他笃信佛教的“无我”说和善恶报应说。他说，“无我”就是他的信仰，他之所以常常快乐，悲愁不足以扰乱他的意志，“此即信仰之光明所照”。又说善恶报应是宇宙间的唯一真理，他笃信佛教，就在于此，七千卷《大藏经》说明的也只是这个道理。

佛学史是梁启超探讨的重点。他将佛教在中国的流传、发展划分为四个历史时期：第一期为萌芽期，时间从一世纪初到四世纪初；第二期是佛教的输入期，即两晋南北朝时期，这个时期佛教的主要事业，一是西行求法，二是传译经论；第三期是佛教在中国的建设与创新时期，即隋唐时期，在这一时期，“法相宗”“华严宗”“净土宗”“律宗”“禅宗”等宗派相继创立；第四期是佛教的衰落期，时间是隋唐以后直至清代。

佛教是外来文化，佛教在中国大地的扎根生长离不开佛典的翻译。梁启超对佛典翻译史作了系统的考证、研究和分析，对长达七百余年间佛典翻译的源流、演变、代表人物、译场组织、翻译文体、译本等作了客观和翔实的概括。梁启超勾勒了佛经翻译事业进化的轨迹：一，“以译本论”。起初多凭西域僧人的暗诵传译，后来发展到必求梵文原本。同是原本，起初仅译小品（篇幅小的经典或章节），后来才广译大经（卷帙多的经典）。同是大经，起初只是将其中的某些篇章，各自译出抄行，到后来才通译全书，首尾完备。二，“以译人论”。起初仅局限于西域来华的一些僧人和不出名的个别居士，后来则基本上都是本国西行求法归来的鸿哲和印度来华的大师。三，“以译法论”。起初大多是一个传语，一人笔受。后来则发展到主译者必是梵汉两通之人，而且辅以专门的口译、笔受、证义、勘文，每句译文，需经四五人之手，才能最终确定下来，勒为定本。四，“以译事规模论”。起初为私人性质，仅一二人，相约对译。后来则为国定性质，由朝廷出面组建译场，广罗俊才，从事翻译。五，“以宗派论”。起初译的是小乘经典，后来译出的是大乘经典。六，“以书籍种类论”。起初只译出经，后来才广译律、论、传记，乃至外道的经典。

佛典卷帙浩繁，其目录的编排有独到之处，梁启超将佛典的目录纳入中国目录学史的研究范畴。他认为佛家经录（佛经目录）比古代一般图书目录优胜之处有五：一，历史观念甚发达。每一部经典的传译渊源、译人小传、译时、译地，都有详细的叙述。二，辨别真伪极严。凡是可疑的经典，都详审考证，别存其目。三，比较甚审。凡是同一部经典，有同时或先后翻译的不同本子的，均详细地予以罗列，校勘它们之间的异同得失。如果属于从一部丛书中抽出一二种，或从一部经典中抽出一二篇加以翻译，然后别题书名抄行的，都一一注明出处，使读者免生困惑。四，搜采遗逸甚勤。即使是已经散佚的经典，也一定保存目录，以利日后的搜寻。也可使读者能根据经录的记载，知道它的亡佚年代。五，分类极复杂而周备。或以著译时代分，或以经典性质分。在按经典性质区分的目录中，有的按经典的内容分，如既分经律论，又分大小乘；有的按经典的形式分，如分一译多译、一卷多卷等。在同一经录中，各种分类法并用，一部经典依照不同的类别交错互见，多的出现十多处，给读者带来了种种查检的便利。

梁启超历来重视佛教对中华文化的影响，誉其为“国学的第二源泉”。他详论了佛教对中国语言文学的影响：第一，促成汉语实质的扩大。佛典的翻译者在翻译过程中努力从事于新语的创造。第二，促成汉语语法及文体的变化。佛典的文体与他书迥然殊异。第三，促成文学的情趣之发展。他认为我国近代的纯文学，比如小说、歌曲，都与佛典的翻译文学有密切关系。著名小说如《水浒传》《红楼梦》，其结体用笔，受《华严经》《涅槃经》的影响很大。

梁启超非常关注英雄人物在历史上的作用，对佛教重要人物也不例外。他曾说，假使中国佛教史上没有道安的话，中国还能不能蔚为佛教大国，他不能断言。佛教史上有道安，就好像历朝在开创的时候得到一位名相，然后具备了开国规模。他认为道安、慧远、鸠摩罗什、智颛、玄奘、惠能、澄观、善道等八人就是佛教史的代表人物。如果把这八人的传写出来，佛教在印度的渊源如何，初入中国时的状况如何，中国人如何承受、消化、创造新佛教，如何分裂为几派，一直到现在怎么样，这些问题就明了了。他曾雄心勃勃地计划编著《玄奘传》和《玄奘年谱》，可惜没有完成，只留下《玄奘传的做法》和《玄奘简谱》。

对中国佛教发展史的代表性人物，梁启超逐一作了令人信服的点评。梁启超称道安为“空宗”最初的建设者、翻译文学的一大批评家、中国佛教界的第一建设者。对于其弟子慧远，梁启超赞誉他是南朝僧侣第一人、“净土宗”的初祖；对于鸠摩罗什，梁启超盛赞他是“译界第一流宗匠”，指出他精通梵文，兼娴汉语，能诗会文，文辞优美。译经三百余卷，如经部的放光般若、妙法莲华、大集、维摩诘，论部的中、百、十二门、大智度，都成自其手。龙树派的大乘教义，由他盛弘于中国。对文学界的影响也很大。

在所有的佛教人物中，梁启超对玄奘最为推崇。他称赞玄奘是“中国佛教第一功臣”“中国佛学界第一人”“中国第一流学者”，因为他顽强西行求法，途经五十六国，最后师从印度那烂陀寺戒贤大师，尽传其学；秉承佛教的正脉，回国后开创了法相宗；在佛学上的造诣相当高深，归国后的十九年中，共翻译从印度带回的佛典七十三部一千三百三十卷，译书最多，完成了输入印度佛家思想的宏业。

对于隋唐佛教的重要人物，梁启超的评价也很高。他称颂天台宗始祖智顗、禅宗六祖惠能、华严宗始祖澄观、净土宗始祖善道等人创造了中国的佛家思想，对他们在开宗立派方面的功绩给予了高度的重视。

总之，梁启超对中国佛教史作了全方位的研究，取得了骄人的成绩，是中国佛教史研究的先行者，给后来的研究者以极大的启示。

结　语

梁启超“笔锋常带感情”的文笔和百科全书式的思想蜚声海内外，影响了一批又一批仁人志士。中共领袖毛泽东和周恩来都曾受到他的影响。毛泽东曾屡次谈及，他青年时代曾一度“崇拜康梁”，立为楷模。尤其喜爱梁启超主编的《新民丛报》，以至于读了又读，直到可以背出来。毛泽东早年曾按梁启超号取笔名“子任”，直到 20 世纪 30 年代仍习惯于将康有为和梁启超并称“梁康”，而不是“康梁”，可见梁启超对他的影响之大。

周恩来曾笔录《梁任公先生演说词》。梁启超 1917 年 1 月 31 日参观南开学校后，在全校师生大会上发表了演说。即将毕业的周恩来聆听演说，并将梁启超一个半小时的讲演笔录了四千字。如此认真地记录梁启超的讲演，可见梁启超对其影响之大。周恩来毕业后赴日本留学时还不断读梁启超的著作，还在日记的“提要·修学栏”中常将梁启超的文字题为座右铭，如“十年以后当思我，举国如狂欲语谁”“世界无穷愿无尽，海天寥廓立多时”等。

梁启超对知识分子的影响是广泛和持久的。著名报人曹聚仁说：“过去半世纪的知识分子，都受了他的影响。”这并不是溢美之词。胡适就曾深受梁启超的影响。他曾说："梁任公为吾国革命第一大功臣，其功在革新吾国之思想界。十五年来，吾国人士所以稍知民族思想主义及世界大势者，皆梁氏之赐，此百喙所不能诬也。去年武汉革命，所以一举而全国响应者，民族思想政治入人已深，故势如破竹耳。使无梁氏之笔，虽有百十孙中山、黄克强，岂能成功如此之速。"在《四十自述》中又提到："《中国学术思想变迁之大势》也给我开辟了一个新世界，使我知道四书五经以外还有中国学术思想。……在二十五年前，这是第一次用历史眼光来整理中国旧学术思想，第一次给我们一个'学术史'的见解。"

以五十六岁这并不太长的人生给国人以如此多的影响，梁启超是无愧他的人生的。

附　录

年　谱

1873年（清同治十二年）　2月23日（农历正月十六日）生于广东省新会县熊子乡茶坑村。

1877年（光绪三年）　由祖父和母亲教读“四书”“五经”。

1884年（光绪十年）　应广州童子试中秀才，补博士弟子员。

1887年（光绪十三年）　肄业于学海堂。

1889年（光绪十五年）　乡试中试。

1890年（光绪十六年）　入京会试，下第归，与陈千秋往谒康有为。康有为著《新学伪经考》《孔子改制考》，梁启超等参与撰写。

1891年（光绪十七年）　就读万木草堂，入京与李蕙仙完婚。

1894年（光绪二十年）　至京师，与谭嗣同、夏曾佑等人结交。

1895年（光绪二十一年）　随康有为入京会试，落第。参与组织“公车上书”。助康创建强学会，任书记。

1896年（光绪二十二年）　至上海，与汪康年创办《时务报》，任总撰述，发表《变法通议》。

1897年（光绪二十三年）　到长沙，任湖南实务学堂总教习。参与创立不缠足会和女学堂。

1898年（光绪二十四年）　参与“百日维新”，光绪帝赏六品衔，奉旨办译书局。8月政变起，后政变失败逃往日本，与陈少白往还，协商与兴中会合作事宜，因康有为阻挠未果。在横滨创办《清议报》。

1899年（光绪二十五年）　游夏威夷岛。

1900年（光绪二十六年）　与康有为、唐才常等发动“勤王运动”，事败。

1902 年（光绪二十八年） 《清议报》停刊，创办《新民丛报》，鼓吹君主立宪，并倡言“破坏主义”。出版《饮冰室文集》，撰《三十自述》《保教非所以尊孔论》。

1903 年（光绪二十九年） 游美洲，著《新大陆游记》。

1905 年（光绪三十一年） 著《开明专制论》，坚持君主立宪，与革命党相对峙。

1907 年（光绪三十三年） 在日本与同盟会机关报《民报》笔战不利，《新民丛报》停刊。成立政闻社。

1910 年（宣统二年） 创办《国风报》。

1912 年 从日本回国，结束十四年的流亡生活。袁世凯以司法次长相召，未就。

1913 年 参与共和党。任袁世凯政府（熊希龄内阁）司法总长。

1914 年 任币制局总裁。遭遇困难，始知袁世凯不可合作，发表《吾今后所以报国者》一文，表示愿从事学术，放弃政治。

1915 年 辞币制局总裁。发表《异哉所谓国体问题者》，与袁世凯决裂，并秘密策动反袁。

1916 年 抵广西，发动广西宣布独立。在肇庆成立护国军两广司令部，任参谋。后成立军务院，任抚军兼政务委员长。出版《盾鼻集》。

1917 年 反张勋复辟，参加段祺瑞马厂誓师讨张之役，事后出任段内阁财政总长。张勋复辟，康有为出力甚多，至此康、梁决裂。

1918 年 于年底赴欧洲考察，著《欧游心影录》。

1919 年 出版《饮冰室丛著》。

1920 年 著《翻译文学与佛典》《清代学术概论》等。

1921 年 著《墨子学案》。

1923 年 著《戴东原先生传》《人生与哲学》《国学入门书要目》。

1925 年 主持清华研究院、任京师图书馆馆长。

1926 年 任司法储才馆馆长。

1928 年 著《辛稼轩年谱》，未竟。

1929 年 1 月 19 日卒于北京，享年五十六岁。

主要著作

1896年　《变法通议》(一)、《论中国积弱由于防弊》《古议院考》

1897年　《变法通议》(二)、《记江西康女士传》《三先生传》

1898年　《变法通议》(三)、《戊戌政变记》《读春秋界说》《读孟子界说》

1899年　《变法通议》(四)、《夏威夷游记》

1900年　《少年中国说》

1901年　《中国积弱溯源论》《南海康先生传》《中国四十年来大事记》(又名《李鸿章》)

1902年　《新民说》(一)、《新史学》《保教非所以尊孔论》《论中国学术思想变迁之大势》《生计学学说沿革小史》《张博望班定远合传》《三十自述》

1903年　《新民说》(二)、《黄帝以后第一伟人赵武灵王传》

1904年　《中国货币问题》《明季第一重要人物袁崇焕传》《子墨子学说》《新民说》(三)、《外资输入问题》《中国国债史》

1905年　《中国殖民八大伟人传》《祖国大航海家郑和传》

1906年　《新民说》(四)、《开明专制论》《中国法理学发达史论》《答某报第四号对于〈新民丛报〉之驳论》《杂答某报》《驳某报之土地国有论》

1908年　《中国国会制度私议》《王荆公》

1909年　《管子传》《中国改革财政私案》

1910年　《国民筹还国债问题》《各省滥铸铜元小史》《论中国国民生计之危机》《外债平议》

1911年　《利用外资与消费外资之辨》

1912年　《初归国演说词》

1914年　《币制条例理由书》

1915年　《吾今后所以报国者》《异哉所谓国体问题者》

1916 年　《从军日记》《辟复辟论》

1917 年　《反对复辟电》《代段祺瑞讨张勋复辟通电》

1919 年　《欧游心影录节录》

1920 年　《清代学术概论》《佛教东来之史地研究》《佛教与西域》《又佛教与西域》《老子哲学》《孔子》《老孔墨以后学派概观》《中国佛教兴衰沿革说略》《印度佛教概观》《佛教教理在中国之发展》

1921 年　《复张东荪书论社会主义运动》《墨经校释》《省宪法大纲》《墨子学案》《佛教之初输入》《说四阿含》《中国印度之交通》

1922 年　《中国历史研究法》《先秦政治思想史》《儒家哲学及其政治思想》

1923 年　《国学入门书要目及其读法》《人生观与科学》《朱舜水先生年谱》

1924 年　《戴东原先生传》《戴东原哲学》《近代学风之地理的分布》《中国近三百年学术史》

1925 年　《中国文化史——社会组织篇》《佛陀时代及原始佛教教理纲要》（原名《印度之佛教》）

1926 年　《我的病与协和医院》《中国历史研究法补编》

1927 年　《古书真伪及其年代》《南海先生七十寿言》《公祭康南海先生文》

1928 年　《辛稼轩先生年谱》